全国高等院校水利水电类精品规划教材

土工试验教程

孙秉慧　主编
高贵全　主审

黄 河 水 利 出 版 社

内 容 提 要

本书系统地介绍了土工试验的基本原理、试验仪器及测试方法，内容包括土的分类、试样制备和饱和、土的颗粒分析试验、土的物理性质试验、界限含水率试验、砂土的相对密度试验、击实试验、渗透试验、土的单向固结试验、直接剪切试验、三轴压缩试验、无侧限抗压强度试验、无黏性土休止角试验等。每个试验测试项目中均有详细的试验操作步骤。

本书可作为高等学校水利水电工程、土木工程、岩土工程、地质工程等专业的试验教学用书，亦可供从事岩土工程设计、勘察和试验的技术人员参考。

图书在版编目(CIP)数据

土工试验教程／孙秉慧主编. —郑州：黄河水利出版社，2008.6

全国高等院校水利水电类精品规划教材

ISBN 978-7-80734-433-9

Ⅰ.土… Ⅱ.孙… Ⅲ.土工试验-高等学校-教材

Ⅳ.TU41

中国版本图书馆 CIP 数据核字(2008)第 063559 号

策划组稿：马广州　电话：0371-66023343　E-mail:magz@yahoo.com

出 版 社：黄河水利出版社

地址：河南省郑州市金水路 11 号　　邮政编码：450003

发行单位：黄河水利出版社

发行部电话：0371-66026940、66020550、66028024、66022620(传真)

E-mail：hhslcbs@126.com

承印单位：黄河水利委员会印刷厂

开本：787 mm×1 092 mm　1／16

印张：7.25

字数：168 千字　　印数：1—4 100

版次：2008 年 6 月第 1 版　　印次：2008 年 6 月第 1 次印刷

定价：15.00 元

出版者的话

近年来，随着我国对基础设施建设投入的加大，水利水电工程建设也迎来了前所未有的黄金时间。截至2006年，全国已建成堤防28.08万公里，各类水库85 849座，2006年水利工程在建项目4 614个，在建项目投资总规模达6 121亿元(《2006年全国水利发展统计公报》)。据《可再生能源发展“十一五”规划》，到2010年，我国水电总装机容量将达到1.9亿千瓦。水利水电工程的大规模建设对设计、施工、运行管理等水利水电专业人才的需求也更为迫切，如何更好地培养适应现今水利水电事业发展的优秀人才，成为水利水电专业院校共同面临的课题。作为水利水电行业的专业性科技出版社，我社长期关注水利水电学科的建设与发展，并积极组织水利水电类专著与教材的出版。

在对水利水电类本科层次教材的深入了解中，我们发现，以应用型本科教学为主的众多水利水电类专业院校普遍缺乏一套完整构建在校本科生专业知识体系又兼顾实践工作能力的教材。在广泛调研与充分征求各课程主讲老师意见的基础上，按照高等学校水利学科专业教学指导委员会对教材建设的指导精神与要求，并结合教育部实施的多层次建设、打造精品教材的出版战略，我社组织编写了本系列“全国高等院校水利水电类精品规划教材”。

此次规划教材的特点是：

(1)以培养水利水电类应用型人才为目标，充分重视实践教学环节。

(2)在依据现有的专业规范和课程教学大纲的前提下，突出特色，力求创新。

(3)紧扣现行的行业规范与标准。

(4)基本理论与工程实例相结合，易于学生接受与理解。

本系列教材除了涵盖传统专业基础课及专业课外，还补充了多个新开课程的教材，以便于学生扩充知识与技能，填补课堂无合适教材可用的空缺。同时，部分教材由工程技术人员或有工程设计施工从业经历的老师参与编写，也是此次规划教材的创新。

本系列教材的编写与出版得到了全国21所高等院校的鼎力支持，特别是三峡大学党委书记刘德富教授和华北水利水电学院副院长刘汉东教授对系列教材的编写与出版给予了精心指导，有效保证了教材出版的整体水平与质量。在此对推进此次规划教材编写与出版的各院校领导和参编老师致以最诚挚的谢意，是他们在编审过程中的无私奉献与辛勤工作，才使得教材能够按计划出版。

“十年树木，百年树人”，人才的培养需要教育者长期坚持不懈的努力，同样，好的教材也需要经过千锤百炼才能流传百世。本系列教材的出版只是我们打造精品专业教材的开始，希望各院校在对这些教材的使用过程中，提出改进意见与建议，以便日后再版时不断改正与完善。

黄河水利出版社

全国高等院校水利水电类精品规划教材

编 审 委 员 会

前　言

土工试验教程是应用型本科水利工程、土木工程等学科各专业的一个重要的实践环节，土工试验为工程设计提供基本参数。

本书根据应用型本科学生的特点，以实践能力培养为中心，注重理论联系实际，每个试验中均给出试验原理、操作步骤、试验成果整理、问题讨论及思考题等，内容简明、易懂、实用。

书中采用了国家及有关行业关于土工试验的最新规范和规程。全书共分十三章，第一章土的分类；第二章试样制备和饱和；第三章土的颗粒分析试验；第四章土的物理性质试验；第五章界限含水率试验；第六章砂土的相对密度试验；第七章击实试验；第八章渗透试验；第九章土的单向固结试验；第十章直接剪切试验；第十一章三轴压缩试验；第十二章无侧限抗压强度试验；第十三章无黏性土休止角试验。

本书编写单位及编写人员具体分工如下：

华北水利水电学院——第一章(李敏芝)，第十一章、第十二章、第十三章(陈宇)；

云南农业大学——第二章、第六章、第八章(刘慧梅)；

黑龙江大学——第三章、第四章、第五章、第七章、第九章、第十章(孙秉慧)。

全书由云南农业大学高贵全担任主审，由黑龙江大学孙秉慧担任主编，并多次修改统稿。

本书在编写过程中引用了许多专家、学者在教学、科研、试验中积累的资料以及有关的规范规程条文，在此一并表示感谢。限于作者水平，书中难免存在不当之处，恳请读者批评指正。

编　者

2008 年 2 月

目　录

第一章　土的分类

土的分类法不仅各国尚未统一，就是在一个国家的各个部门也都各自制定了结合本专业的分类体系。本书主要介绍国标《土的工程分类标准》(GB/T 50145—2007)和《建筑地基基础设计规范》(GB 50007—2002)中的地基土分类法。这两种土的分类法是国内现行规范使用最多的两种方法。另介绍一些其他规范中土的分类法。

一、国标《土的工程分类标准》(GB/T 50145—2007)土的分类

分类依据：

(1)土的颗粒组成及特征；

(2)土的塑性指标，即液限(ω_L)、塑限(ω_p)、塑性指数(I_p)；

(3)土中有机质含量。

粒组划分，见表 1-1。

表 1-1　粒组划分

粒组	粒组名称		粒径(d)的范围(mm)
巨粒组	漂石(块石)		$d>200$
	卵石(碎石)		$60<d\leqslant 200$
粗粒组	砾　粒	粗　砾	$20<d\leqslant 60$
		中　砾	$5<d\leqslant 20$
		细　砾	$2<d\leqslant 5$
	砂　粒	粗　砂	$0.5<d\leqslant 2$
		中　砂	$0.25<d\leqslant 0.5$
		细　砂	$0.075<d\leqslant 0.25$
细粒组	粉　粒		$0.005<d\leqslant 0.075$
	黏　粒		$d\leqslant 0.005$

土的颗粒级配特征根据土的不均匀系数 C_u 和曲率系数 C_c 确定：

不均匀系数 C_u，曲率系数 C_c 按下列公式计算：

$$C_u=\frac{d_{60}}{d_{10}}\qquad\qquad C_c=\frac{d_{30}^{\ 2}}{d_{10}\times d_{60}}$$

式中　d_{10}，d_{30}，d_{60}——土的粒径分布曲线上的某粒径，分别为小于该粒径的土粒质量为总土质量的 10%，30%，60%。

《土的工程分类标准》将土分为巨粒类土、粗粒类土、细粒类土三大类。

巨粒类土按粒组再划分。

粗粒类土按粒组、级配、细粒土含量再划分。

细粒类土按塑性图、所含粗粒类别及有机质含量再划分。

有机质土，为有机质含量 O_m 一定（$5\% \leqslant O_m < 10\%$），有特殊气味，压缩性高的黏土或粉土。

有机土，为有机质含量 O_m 较高（$O_m \geqslant 10\%$），有特殊气味，压缩性高的黏土或粉土。

土的工程分类体系，见图 1-1。

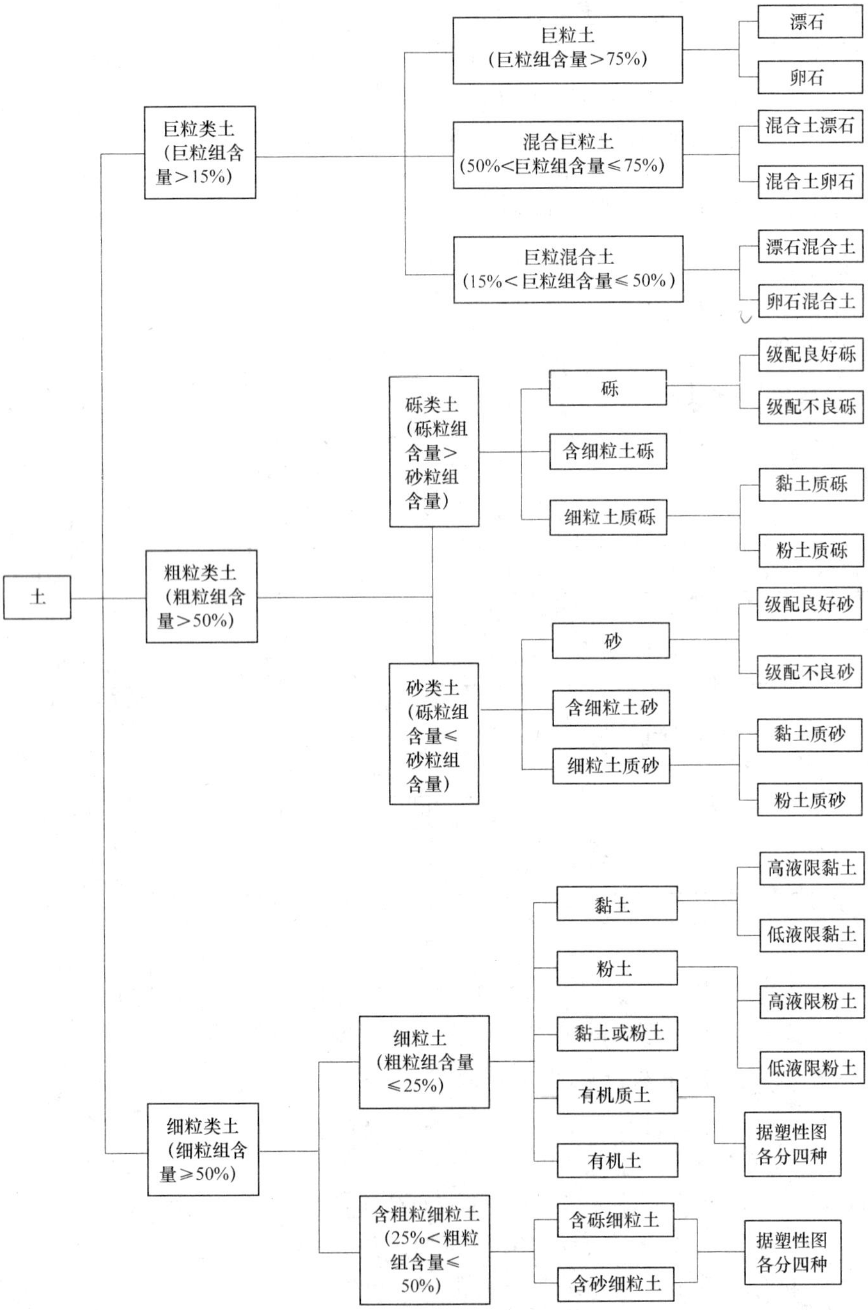

图 1-1　土的工程分类体系

(一)巨粒类土的分类和定名

试样中巨粒组(粒径大于 60 mm)含量大于 15%的土称巨粒类土。

试样中巨粒组含量不大于 15%时，可扣除巨粒，按粗粒类土或细粒类土的相应规定分类、定名；当巨粒对土的总体性状有影响时，可将巨粒计入砾粒组进行分类。

巨粒类土按表 1-2 分类、定名。

表 1-2　巨粒类土的分类

土类	粒组含量		土类名称	土类代号
巨粒土	巨粒含量>75%	漂石含量>卵石含量	漂石(块石)	B
		漂石含量≤卵石含量	卵石(碎石)	Cb
混合巨粒土	50%<巨粒含量≤75%	漂石含量>卵石含量	混合土漂石(块石)	BSI
		漂石含量≤卵石含量	混合土卵石(碎石)	CbSI
巨粒混合土	15%<巨粒含量≤50%	漂石含量>卵石含量	漂石(块石)混合土	SIB
		漂石含量≤卵石含量	卵石(碎石)混合土	SICb

注：巨粒混合土可根据所含粗粒或细粒的含量进行细分。

(二)粗粒土的分类和定名

试样中粗粒组含量大于 50%的土称粗粒类土。粗粒类土又可分为砾类土和砂类土两类。

砾粒组含量大于砂粒组含量的土称砾类土。

砾粒组含量不大于砂粒组含量的土称砂类土。

砾类土应根据其中细粒含量及类别、土的级配，按表 1-3 分类和定名。

砂类土应根据其中细粒含量及类别、土的级配，按表 1-4 分类和定名。

表 1-3　砾类土的分类

土类	粒组含量		土类名称	土类代号
砾	细粒含量<5%	级配：C_u≥5、1≤C_c≤3	级配良好砾	GW
		级配：不同时满足上述要求	级配不良砾	GP
含细粒土砾	5%≤细粒含量<15%		含细粒土砾	GF
细粒土质砾	15%≤细粒含量<50%	细粒组中粉粒含量≤50%	黏土质砾	GC
		细粒组中粉粒含量>50%	粉土质砾	GM

注：表中细粒土质砾土类，应按细粒土在塑性图中的位置定名。

表 1-4　砂类土的分类

土类	粒组含量		土类名称	土类代号
砂	细粒含量<5%	级配：C_u≥5、1≤C_c≤3	级配良好砂	SW
		级配：不同时满足上述要求	级配不良砂	SP
含细粒土砂	5%≤细粒含量<15%		含细粒土砂	SF
细粒土质砂	15%≤细粒含量<50%	细粒组中粉粒含量≤50%	黏土质砂	SC
		细粒组中粉粒含量>50%	粉土质砂	SM

注：表中细粒土质砂土类，应按细粒土在塑性图中的位置定名。

(三)细粒土的分类和定名

试样中细粒组含量大于等于 50%的土称细粒类土。细粒类土分为以下几类。

粗粒组含量不大于 25%的土称细粒土。

粗粒组含量大于 25%且不大于 50%的土称含粗粒的细粒土。

有机质含量小于 10%且不小于 5%的土称有机质土。

有机质含量大于等于 10%的土称有机土。

细粒土可按塑性图(见图 1-2)或表 1-5 分类，即细粒土可分为 CH、CL、MH、ML 四类。其中塑性图虚线之间区域($4 \leq I_p < 7$)为黏土粉土过渡区，可定为 CL–ML 或 ML–CL。

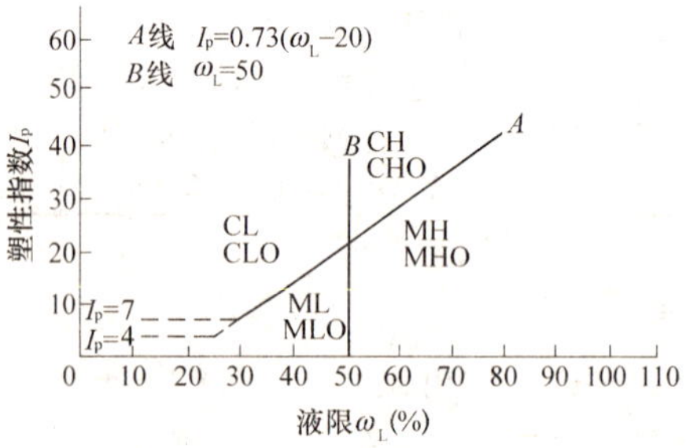

图 1-2　塑性图

注：(1)图中横坐标为土的液限(ω_L)，纵坐标为塑性指数(I_p)。

(2)图中的液限为用蝶式仪测定的液限含水率或用质量 76g、锥角为 30° 的推式液限仪锥尖入土深度 17 mm 对应的含水率。

(3)图中虚线之间区域为黏土–粉土过渡区。

表 1-5　细粒土的分类

塑性指数(I_p)	液限(ω_L)	土类名称	土类代号
$I_p \geq 0.73(\omega_L-20)$ 和 $I_p \geq 7$	$\omega_L \geq 50\%$	高液限黏土	CH
	$\omega_L < 50\%$	低液限黏土	CL
$I_p < 0.73(\omega_L-20)$ 或 $I_p < 4$	$\omega_L \geq 50\%$	高液限粉土	MH
	$\omega_L < 50\%$	低液限粉土	ML

含粗粒的细粒土，应根据所含细粒土的塑性指标先按塑性图(见图 1-2)或表 1-5 规定确定细粒土名称，再看粗粒。

若粗粒中砾粒含量大于砂粒含量，称含砾细粒土，应在细粒土代号后加 G。含砾细粒土可分为 CHG、CLG、MHG、MLG 四类。

若粗粒中砾粒含量不大于砂粒含量，称含砂细粒土，应在细粒土代号后加 S。含砂细粒土可分为 CHS、CLS、MHS、MLS 四类。

有机质土可按塑性图(见图 1-2)或表 1-5 规定划分定名，在各相应土类代号之后缀以代号 O。有机质土可分为 CHO、CLO、MHO、MLO 四类。

注：土的含量或指标等于界限值时，可根据使用目的按偏于安全的原则分类。

二、国标 GB 50007—2002《建筑地基基础设计规范》地基土分类

本规范中地基土的分类比国际《土的工程分类标准》(GB/T 50145—2007)简单。它按土粒大小、粒组含量或土的塑性指数把地基土分为碎石土、砂土、粉土和黏性土四大类。

本规范还列有一种人工填土。人工填土根据其组成和成因，可分为素填土、压实填土、杂填土和冲填土。

素填土——由碎石土、砂土、粉土、黏性土等组成的填土。

压实填土——经过压实或夯实的素填土。

杂填土——含有建筑垃圾、工业废料、生活垃圾等杂物的填土。

冲填土——由水力冲填泥沙形成的填土。

分类体系及方法见图 1-3。

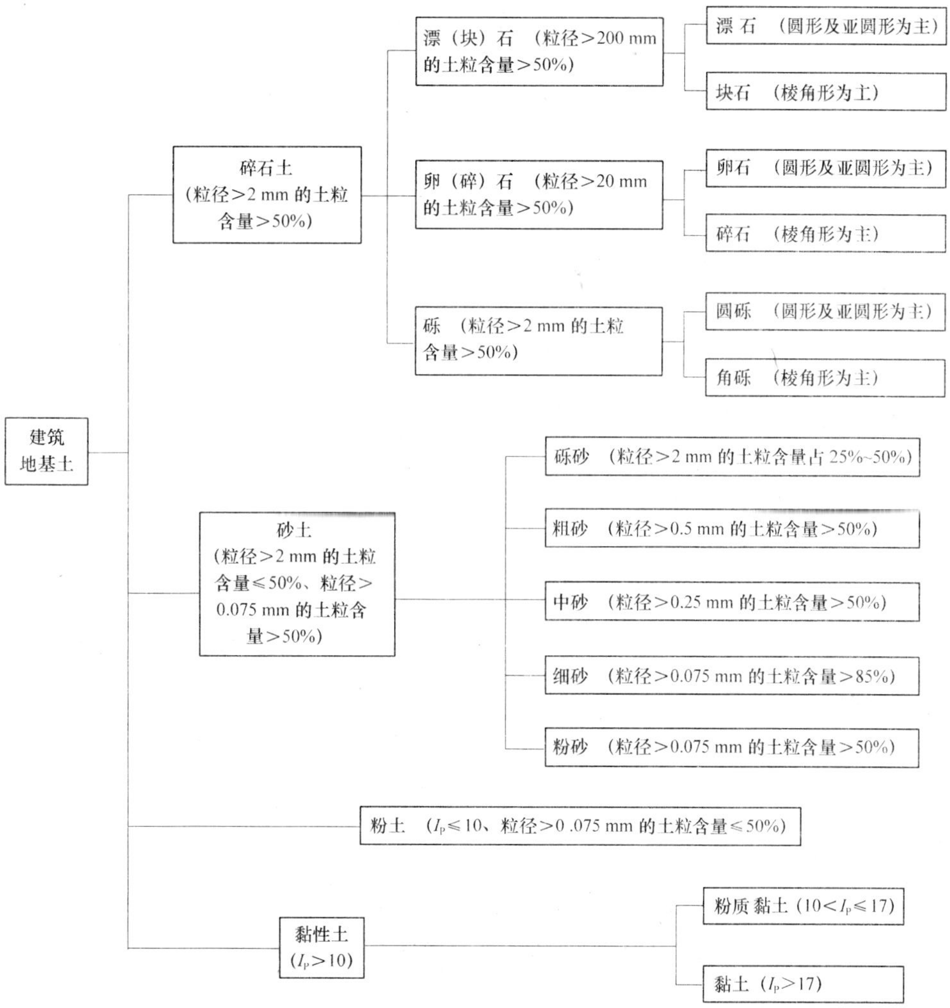

图 1-3　《建筑地基基础设计规范》地基土的分类体系及方法

注：(1)碎石土、砂土分类定名时按粒径分组由大到小以最先符合者确定；

(2)粉土、黏性土分类定名时液限为 76 g 锥、下沉 10 mm。

三、其他规范中土的分类

(一)国标 GB 50021—2001《岩土工程勘察规范》中土的分类和鉴别

本规范一般土分类同《建筑地基基础设计规范》(GB 50007—2002)，另补充如下：

土根据沉积年代，可分为老沉积土和新近沉积土。

老沉积土——晚更新世 Q_3 及其以前沉积的土。

新近沉积土——第四纪全新世中近期沉积的土。

根据地质成因，可将土分为残积土、坡积土、洪积土、冲积土、淤积土、冰积土和风积土等。

土根据有机质含量分类，见表 1-6。

表 1-6　土按有机质含量分类

分类名称	有机质含量 W_u(%)	现场鉴别特征	说　明
无机土	$W_u<5\%$		
有机质土	$5\%\leqslant W_u\leqslant 10\%$	深灰色，有光泽，味臭，除腐殖质外尚有少量未完全分解的动植物体，浸水后水面出现起泡，干燥后体积收缩	(1)如现场能鉴别或有地区经验时，可不做有机质含量测定； (2)当 $\omega>\omega_L$，$1.0\leqslant e<1.5$ 时称淤泥质土； (3)当 $\omega>\omega_L$，$e\geqslant 1.5$ 时称淤泥
泥炭质土	$10\%<W_u\leqslant 60\%$	深灰或黑色，有腥臭味，能看到未完全分解的植物结构，浸水体胀，易崩解，有植物残渣浮于水中，干缩现象明显	可据地区特点和需要按 W_u 细分： 弱泥炭质土($10\%<W_u\leqslant 25\%$)； 中泥炭质土($25\%<W_u\leqslant 40\%$)； 强泥炭质土($40\%<W_u\leqslant 60\%$)
泥炭	$W_u>60\%$	除有泥炭质土特征外，结构松散，土质很轻，暗无光泽，干缩现象极为明显	

(二)行业规范中土的分类介绍

1.水利部《土工试验规程》(SL 237—1999)土分类

水利部规程中土的分类与国标《土的工程分类标准》(GB/T 50145—2007)基本相同。不同点为：塑性图及个别粒径界限值稍有差别；水利部规程还沿用 GBJ 145—90 标准的特殊土分类。

2. 交通部《公路土工试验规程》(JTG E40—2007)土分类

交通部规程中土的分类与国标《土的工程分类标准》(GB/T 50145—2007)为同一分类体系。

不同点为：粒组划分砾粒、砂粒同水利部规程，细粒组以 0.002 mm 作为粉粒和黏粒分界线。液限为 76 g 锥、下沉 17 mm 和 100 g 锥、下沉 20 mm 两种。特殊土分类在 GBJ 145—90 标准基础上增列盐渍土和冻土。

3. 铁道部《铁路工程岩土分类标准》(TB 10077—2001)土分类

铁道部规程土分类与《建筑地基基础设计规范》(GB 50007—2002)相同。

(三)水利部《62 规程》土分类

说明：本方法现已废止，但水利部门有些单位还在使用，故列出仅供参考。

采用图 1-4 进行土的分类；砾石分类采用表 1-7；砂土分类采用表 1-8；若土中砾粒的含量大于 10%，采用图 1-5 进行分类；按土的塑性指数，采用表 1-9 进行土的分类。

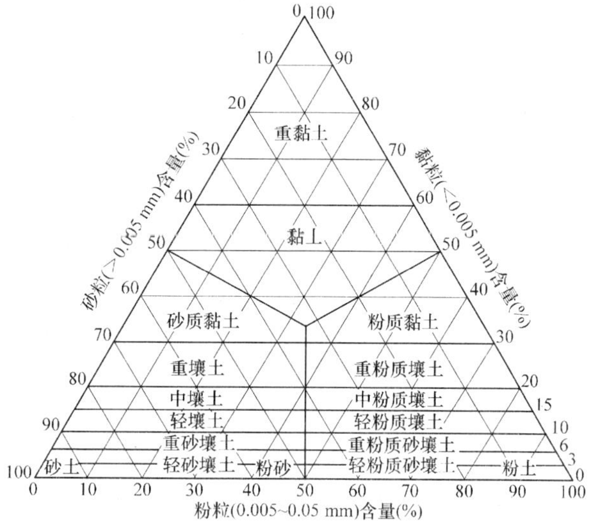

图 1-4　土的分类

注：若土中含有砾，但是含量不超过 10%，在土名之前加“含少量砾的”五字。

表 1-7　砾石分类

土　名	砾的含量(%)		
	＞20 mm	＞10 mm	＞2 mm
卵石及碎石	＞50		
粗砾		＞50	
细砾			＞50

注：确定砾的种类时，按粒径分组由大到小以最先符合者确定。

表 1-8　砂土分类

土　名	砂粒含量(2 ~ 0.05 mm)(%)			
	＞0.5 mm	＞0.25 mm	＞0.1 mm	＞0.1 mm
粗　砂	＞50			
中　砂		＞50		
细　砂			＞75	
极细砂				＜75

注：(1)本表适用于黏粒含量小于 3%、粉粒含量小于 20%的砂土；
(2)确定砂的种类时，按粒径分组由大到小以最先符合者确定。

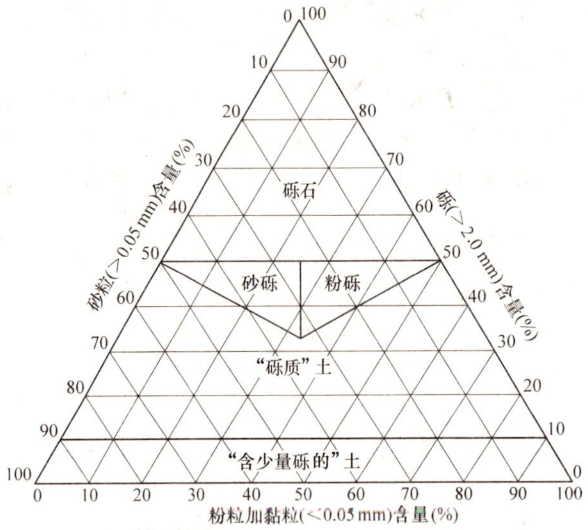

图 1-5　砾质土的分类

注：如果按图 1-6 查得为"砾质"土时，将粒径小于 2 mm 的土作为整体，分别求出砂粒粉粒及黏粒含量的百分数，再根据图 1-5 分类，然后在所得土名之前加"砾质"二字，例如砾质砂土、砾质砂壤土等。

表 1-9　按塑性指数土的分类

土　名	塑性指数 I_p
砂　土	$I_p \leq 1$
砂壤土	$1 < I_p \leq 7$
壤　土	$7 < I_p \leq 17$
黏　土	$I_p > 17$

第二章　试样制备和饱和

一、概述

土样在试验前必须经过制备程序，包括土的风干、碾散、过筛、匀土、分样和贮存等预备程序以及制备试样程序。土样制备程序视需要的试验而异，故土样制备前应拟定土工试验计划。对密封的原状土样除小心搬运和妥善存放外，在试验前不应开启。试验前如需要进行土样鉴别和分类必须开启时，则在检验后，应迅速妥善封好储藏，应使土样少受扰动。

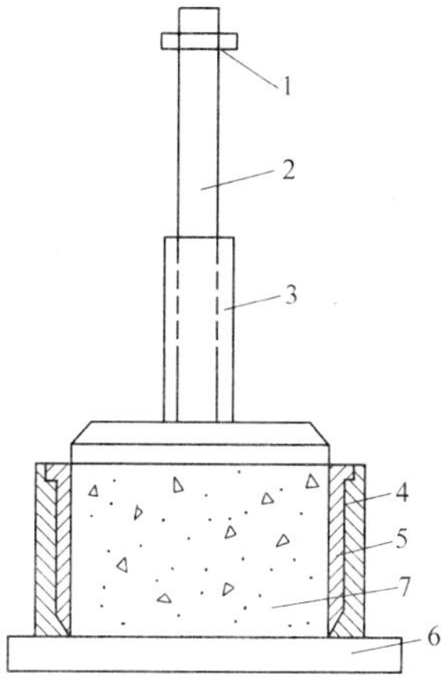

1—定位环；2—导杆；
3—击锤；4—击样筒；
5—环刀；6—底座；7—试样

图 2-1　击样器

二、常见的仪器设备

(1)细筛：孔径 5、2、0.5 mm；

(2)洗筛：孔径 0.075 mm；

(3)台秤：称量 10 ~ 40 kg，分度值 5 g；

(4)天平：称量 1 000 g，分度值 0.1 g；称量 200 g，分度值 0.01 g；

(5)碎土器：磨土机；

(6)击样器，如图 2-1 所示；

(7)抽气设备(附真空表和真空缸)；

(8)饱和器(附金属或玻璃的真空缸)；

(9)压样器，如图 2-2 所示；

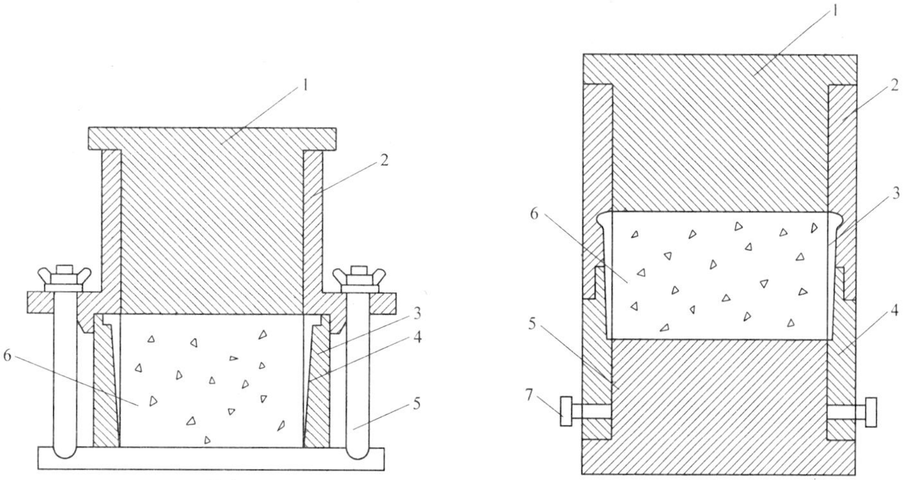

(a)单向

1—活塞；2—导筒；3—护环；
4—环刀；5—拉杆；6—试样

(b)双向

1—上活塞；2—上导筒；3—环刀；
4—下导筒；5—下活塞；6—试样；7—销钉

图 2-2　压样器

(10)其他设备：烘箱、干燥器、保湿器、研钵、木锤、木碾、橡皮板、玻璃瓶、玻璃缸、修土刀、钢丝锯、凡士林、土样标签以及其他盛土器等。

三、试样制备

(一)扰动土试样制备

1.土样制备预备程序

1)细粒土

(1)将扰动土样进行土样描述，如颜色、土类、气味及夹杂物等。如有需要，将扰动土充分拌匀，取代表性土样进行含水率测定。

(2)将块状扰动土放在橡皮板上用木碾或利用碎土器碾散(勿压碎颗粒)。如含水量较大时，可先风干至易碾散为止。

(3)根据试验所需土样数量，将碾散后的土样过筛。物理性试验土样如液限、塑限、缩限等试验，常需过 0.5 mm 筛；物理性及力学性试验土样，常需过 2 mm 筛；击实试验土样，常需过 5 mm 筛。过筛后用四分对角取样法或分砂器，取出足够数量的代表性土样，分别装入玻璃缸内，标以标签，以备各项试验之用。对风干土，需测定风干含水率。

(4)为配制一定含水率的土样，取过 2 mm 筛的足够试验用的风干土 1 ~ 5 kg，平铺在不吸水的盘内，按式(2-2)计算所需的加水量，用喷雾器喷洒预计的加水量，静置一段时间，然后装入玻璃缸内盖紧，润湿一昼夜备用(砂性土润湿时间可酌情减短)。

(5)测定湿润土样不同位置的含水率(至少 2 个以上)，要求差值不大于 ± 1%。

(6)对不同土层的土样制备混合土样时，应根据各土层厚度，按权数计算相应的质量配合，然后按步骤(2)、(3)、(4)进行扰动土的预备工作。

2)粗粒土

(1)对砂土及砂砾土，按细粒土样预备程序步骤(3)的四分法或分砂器细分土样，然后取足够试验用的代表性土样供颗粒分析试验用，其余过 5 mm 筛。筛上和筛下土样分别储存，供比重及最大和最小孔隙比等试验用。取一部分过 2 mm 筛的土样供力学性试验用。

(2)如有部分黏土依附在砂砾石上面，则先用水浸泡，将浸泡过的土样在 2 mm 筛上冲洗，取筛上及筛下代表性的土样供颗粒分析试验用。

(3)将冲洗下来的土浆风干至易碾散为止，再按细粒土样预备程序步骤进行预备工作。

2.扰动土试样制备

1)扰动土试样的备样步骤

(1)将土样从土样筒或包装袋中取出，对土样的颜色、气味、夹杂物和土类及均匀程度进行描述，并将土样切成碎块，拌和均匀，取代表性土样测定含水率。

(2)对均质和含有机质的土样，宜采用天然含水率状态下代表性土样，供颗粒分析、界限含水率试验用。对非均质土应根据试验项目取足够数量的土样，置于通风处晾干至可碾散为止。对砂土和进行比重试验的土样宜在 105 ~ 110 ℃温度下烘干，对有机质含量超过 5%的土、含石膏和硫酸盐的土，应在 65 ~ 70 ℃温度下烘干。

(3)将风干或烘干的土样放在橡皮板上用木碾碾散，对不含砂和砾的土样，可用碎土器碾散(碎土器不得将土粒破碎)。

(4)对分散后的粗粒土和细粒土，应按表 2-1 的要求过筛。对含细粒土的砾质土，应先用水浸泡并充分搅拌，使粗细颗粒分离后按不同试验项目的要求进行过筛。

表 2-1　试验取样数量和过土筛标准

土类 / 土样数量 / 试验项目	黏土		砂土		过筛标准(mm)
	原状土(筒) Φ10 cm × 20 cm	扰动土(g)	原状土(筒) Φ10 cm × 20 cm	扰动土(g)	
含水率		800		500	
比重		800		500	
颗粒分析		800		500	
界限含水率		500			0.5
密度	1		1		
固结	1	2 000			2.0
黄土湿限	1				
三轴压缩	2	5 000		5 000	2.0
膨胀、收缩	2	2 000		8 000	2.0
直接剪切	1	2 000			2.0
击实承载比		轻型>15 000 重型>30 000			5.0
无侧限抗压强度	1				
反复直剪	1	2 000			2.0
相对密度				2 000	
渗透	1	1 000		2 000	2.0
化学分析		300			2.0
离心含水当量		300			0.5

2)扰动土试样的制样步骤

(1)试样的数量视试验项目而定，应有备用试样 1 ~ 2 个。

(2)将碾散的风干土样通过孔径 2 mm 或 5 mm 的筛，取筛下足够试验用的土样，充分拌匀，测定风干含水率，装入保湿缸或塑料袋内备用。

(3)根据试验所需的土量与含水率，制备试样所需的加水量，按式(2-2)计算。

(4)称取过筛的风干土样平铺于搪瓷盘内，将水均匀喷洒于土样上，充分拌匀后装入盛土容器内盖紧，润湿一昼夜，砂土的润湿时间可酌情减短。

(5)测定润湿土样不同位置处的含水率，不应少于两点，含水率差值应符合以下规定：根据力学性质试验项目要求，原状土样同一组试样间密度的允许差值为 0.03 g/cm^3；扰动土样同一组试样的密度与要求的密度之差不得大于 ± 0.01 g/cm^3，一组试样的含水率与要求的含水率之差不得大于 ± 1%。

(6)根据环刀容积及所需的干密度，制样所需的湿土量按式(2-3)计算。

(7)扰动土制样可采用击样法和压样法。其中，击样法是将根据环刀容积和要求干密度所需质量的湿土倒入装有环刀的击样器内，击实到所需密度。压样法是将根据环刀容积和要求干密度所需质量的湿土倒入装有环刀的压样器内，以静压力通过活塞将土样压紧到所需密度。

(8)取出带有试样的环刀，称环刀和试样总质量，对不需要饱和且不立即进行试验的试样，应存放在保湿器内备用。

(二)原状土试样制备步骤

(1)将土样筒按标明的上下方向放置，剥去蜡封和胶带，开启土样筒取出土样。辨别土样上下和层次，整平土样两端。无特殊要求时，切土方向与天然层次垂直。检查土样结构，当确定土样已受扰动或取土质量不符合规定时，不应制备力学性质试验的试样。

(2)根据试验要求用环刀切取试样，应在环刀内壁涂一薄层凡士林，刃口向下放在土样上，将环刀垂直下压，并用切土刀沿环刀外侧切削土样，边压边削至土样高出环刀。根据试样的软硬采用钢丝锯或切土刀整平环刀两端土样，擦净环刀外壁，称环刀和土的总质量，准确至 0.1 g。

切取试样时，试样与环刀要密合，同一组试样的密度差值不宜大于 0.03 g/cm^3，含水率差值不宜大于 2%。

切削试样时，应对土样的层次、气味、颜色、夹杂物、裂缝和均匀性进行描述，对低塑性和高灵敏度的软土，制样时不得扰动。

(3)从余土中取代表性试样测定含水率。比重、颗粒分析、界限含水率等项试验的取样按以下要求进行：对均质和含有机质的土样，宜采用天然含水率状态下的代表性土样，供颗粒分析、界限含水率试验用。对非均质土应根据试验项目取足够数量的土样，置于通风处晾干至可碾散为止。对砂土和进行比重试验的土样宜在 105 ~ 110 ℃温度下烘干，对有机质含量超过 5%的土、含石膏和硫酸盐的土，应在 65 ~ 70 ℃温度下烘干。

(4)切取试样后剩余的原状土样，应采用蜡纸包好置于保湿器内，以备补作试验之用。切削的余土作物理性质试验。

(5)视试样本身及工程要求，决定试样是否进行饱和。如不立即进行试验或饱和时，则将试样暂存于保湿器内。

四、试样饱和

土的孔隙逐渐被水填充的过程称为饱和，当孔隙全部被水充满时的土，称为饱和土。

试样的饱和方法视土的性质选用浸水饱和法、毛管饱和法及真空抽气饱和法三种。对于砂土，可直接在仪器内浸水饱和；较易透水的黏性土，渗透系数大于 10^{-4} cm/s 时，采用毛管饱和法较为方便；不易透水的黏性土，渗透系数小于 10^{-4} cm/s 时，采用真空饱和法。如土的结构性较弱，抽气可能发生扰动，不宜采用真空饱和法。

(一)毛管饱和法

(1)选用框式饱和器，如图 2-3 所示。在装有试样的环刀两面贴放滤纸，再放两块大于环刀的透水板于滤纸上，通过框架两端的螺丝将透水板、环刀夹紧。

(2)将装好试样的饱和器放入水箱中，注清水入箱，水面不宜将试样淹没，使土中气体得以排出。

(3)关上箱盖，防止水分蒸发，借土的毛细管作用使试样饱和，一般需 3 天左右。

(4)试样饱和后，取出饱和器，松开螺丝，取出环刀，擦干外壁，吸去表面积水，取下试样上下滤纸，称环刀、土总质量，准确至 0.1 g，按式(2-5)计算饱和度。

(5)如饱和度小于 95%时，将环刀再装入饱和器，浸入水中延长饱和时间。

(二)真空抽气饱和法

(1)选用重叠式饱和器(如图 2-4 所示)或框式饱和器。在重叠式饱和器下板正中放置稍大于环刀直径的透水板和滤纸，将装有试样的环刀放在滤纸上，试样上再放一张滤纸和一块透水板，以这样顺序重复，由下向上重叠至拉杆的长度，将饱和器上夹板放在最上部的透水板上，旋紧拉杆上端的螺丝，将各个环刀在上下夹板间夹紧。

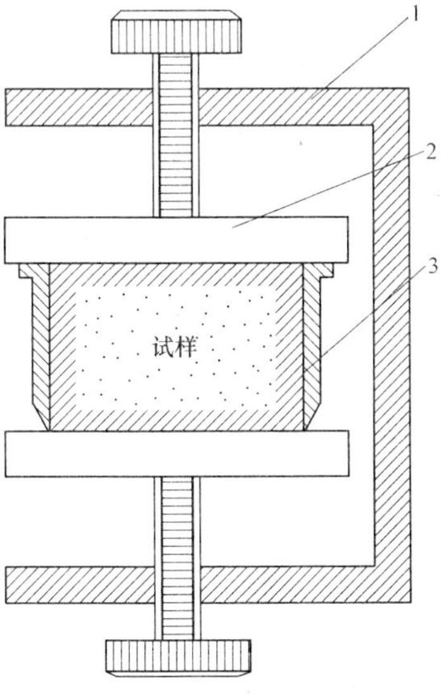

1—框架；2—透水板；3—环刀

图 2-3　框式饱和器

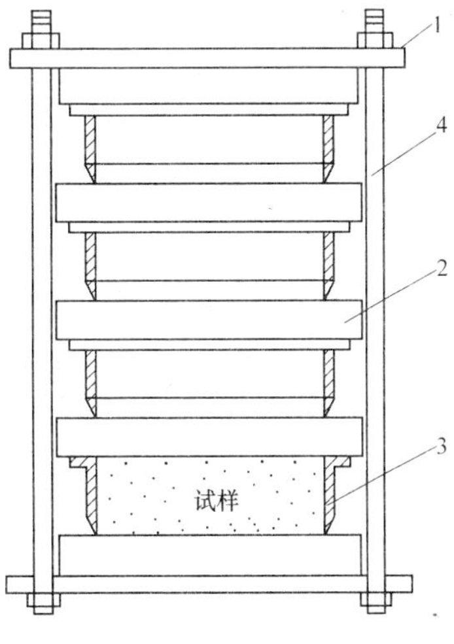

1—夹板；2—透水板；3—环刀；4—拉杆

图 2-4　重叠式饱和器

(2)将装好试样的饱和器放入真空缸内(如图 2-5 所示)，盖上缸盖。盖缝内应涂一薄层凡士林，以防漏气。

(3)关管夹、开二通阀，将抽气机与真空缸接通，开动抽气机抽除缸内及土中气体，当真空表达到约 1 个大气负压力值后，继续抽气，黏质土约 1 h、粉质土约 0.5 h 后，稍微开启管夹，使清水由引水管徐徐注入真空缸内。在注水过程中，应调节管夹，使真空表上的数值基本保持不变。

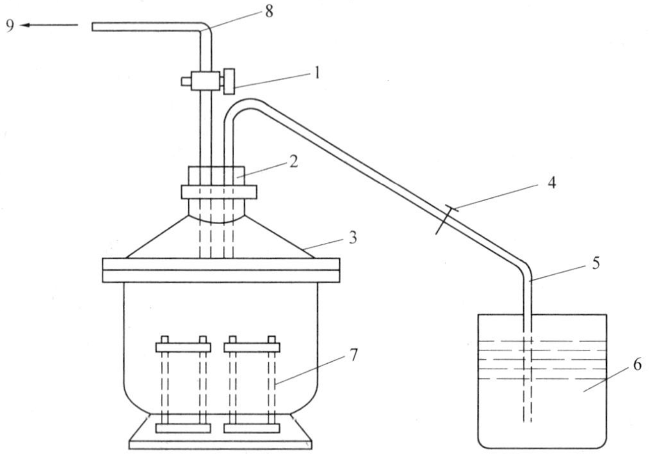

1—二通阀；2—橡皮塞；3—真空缸；4—管夹；5—引水管；
6—水缸；7—饱和器；8—排气管；9—接抽气机

图 2-5　真空饱和装置

(4)待饱和器完全淹没水中后，即停止抽气，将引水管自水缸中提出，开管夹令空气进入真空缸内，静置一定时间，借大气压力使试样饱和。

(5)试样饱和后，取出饱和器，松开螺丝，取出环刀，擦干外壁吸去表面积水，取下试样上下滤纸，称环刀、土总质量，准确至 0.1 g，按式(2-5)计算饱和度。

五、试验记录

(1)见原状土开土记录格式表。

(2)见扰动土试样制备记录格式表。

六、成果整理

按下式计算干土质量

$$m_{\mathrm{d}}=\frac{m}{1+0.01\omega_0} \tag{2-1}$$

式中　m_{d}——干土质量，g；

m——风干土质量(或天然湿土质量)，g；

ω_0——风干含水率(或天然含水率)，%。

按下式计算土样制备含水率所需加水量

$$m_{\mathrm{w}}=\frac{m}{1+0.01\omega_0}\times 0.01(\omega'-\omega_0) \tag{2-2}$$

式中　m_w——土样所需加水质量，g；

m——风干含水率时的土样质量，g；

ω_0——风干含水率，%；

ω'——土样所要求的含水率，%。

按下式计算制备扰动土试样所需总土质量

$$m = (1 + 0.01\omega_0)\rho_d V \tag{2-3}$$

式中　m——制备试样所需总土质量，g；

ρ_d——制备试样所要求的干密度，g/cm^3；

V——计算出击实土样体积或压样器所用环刀容积，cm^3；

ω_0——风干含水率，%。

按下式计算制备扰动土样应增加的水量

$$\Delta m_w = 0.01(\omega' - \omega_0)\rho_d V \tag{2-4}$$

式中　Δm_w——制备扰动土样应增加的水量，g；

其余符号意义同上。

按下式计算饱和度

$$S_r = \frac{(\rho - \rho_d)G_s}{e\rho_d} \text{或} S_r = \frac{\omega G_s}{e} \tag{2-5}$$

式中　S_r——饱和度，%；

ρ——饱和后的密度，%；

ρ_d——土的干密度，%；

e——土的孔隙比；

G_s——土粒比重；

ω——饱和后的含水率，%。

原状土开土记录

委托单位＿＿＿＿＿＿＿＿＿＿　　进室日期：　　年　　月　　日

工程名称＿＿＿＿＿＿＿＿＿＿　　开土日期：　　年　　月　　日

土样编号		取土高程	取土深度(m)	颜色	气味	结构	夹杂物	包装与扰动情况	其他
室内	野外								

记录者：　　　　　　　　　　　　　　　　校核者：

扰动土试样制备记录

工程名称__________土样编号__________制备日期__________制备者__________计算者__________校核者__________

土样编号	制备标准		所需土质量及增加水量的计算						试样制备							与制备标准之差		备注
	干密度	含水率	环刀或计算的击实筒容积	干土质量	含水率	湿土质量	增加的水量	所需土质量	制备方法	环刀质量	环刀加湿土质量	湿土质量	密度	含水率	干密度	干密度	含水率	
	ρ_d	ω'	V	m_d	ω_0	m	Δm						ρ	ω	ρ_d		ω	
	g/cm^3	%	cm^3	g	%	g	g	g		g	g	g	g/cm^3	%	g/cm^3	g/cm^3	%	

第三章　土的颗粒分析试验

颗粒分析就是用试验的方法求出土中小于某种粒径的颗粒所占总土质量的百分数，或确定土中各粒组的相对含量。

在施工现场所进的砂、碎石等施工建筑材料，都必须按规定取样送到实验室进行颗粒分析试验，通过试验得以证明所用材料级配是否良好。级配良好则可以使用；若级配不良，工程就不能使用此材料。这个试验项目在工程中是很重要的。

一、试验目的

土是由各种大小和形状不同的颗粒所组成，根据颗粒大小划分为若干组，称为颗粒粒组。所谓颗粒组成即颗粒级配，就是土中各种粒径范围的粒组在土中的相对比例，通常用占总土质量的百分数来表示。土的粒组组成在一定程度上反映了土的性质，工程上常依据粒组组成对土进行分类，粗粒土主要是依据粒组组成进行分类；细粒土由于矿物成分、颗粒形状及胶体含量等因素，则不能单以粒组组成进行分类，而要借助于塑性图或塑性指数进行分类。

颗粒分析试验是测定土中各粒组所占该土总质量的百分数的方法，借以明了颗粒大小分布情况，供土的分类及概略判断土的工程性质，也为进场建材的选料之用。

二、试验方法

颗粒分析试验的方法主要有两大类：一是机械分析法，如筛析法；二是物理分析法，如密度计法、虹吸管法(移液管法)等。

筛析法适用于粒径大于 0.075 mm、小于等于 60 mm 的土。密度计法、虹吸管法(移液管法)适用于粒径小于 0.075 mm 的土。若土中粗细颗粒兼有，则联合采用筛析法和密度计法或移液管法。

(一)筛析法

1.试验原理

筛析法是将土样通过各种不同孔径的标准筛，并按筛孔径的大小由上至下依次叠好，对颗粒加以筛析，然后再称量筛上土质量，并计算出各个粒组占土总质量的百分数。

2.仪器设备

标准筛：10、5、2、1、0.5、0.25、0.1、0.075 mm；天平(称量 500 g，感量 1 g)、筛析机、烘干箱、调土皿、瓷盘、毛刷、铁匙等。

3.操作步骤

(1)调平天平，左托盘放被称物，右托盘放砝码。然后称调土皿质量，做好记录。(在天平的右托盘上放 300 g 砝码，就可以直接称得试样的质量)

(2)从风干松散的土样中，用四分对角取样法按规定数量取试样(见表 3-1)。

四分对角取样法：把试样拌均匀，铺成矩形，用两条对角线把试样分成四份，合并相对角的两部分，根据需要的数量，多次重复进行取样。

(3)将取好的试样倒入依次叠好的标准筛最上层(最大孔径)筛内，进行筛析。

注意：盖好筛盖，两手上下托住，直立水平摇晃，或用筛析机进行筛析。

(4)筛析 10 min(土工试验规程规定 10~15 min)后，再按由上而下的顺序将各筛取下，在空瓷盘上用手摇晃轻叩，如有试样漏下，应继续筛析，直到无试样漏下为止。漏下的试样应全部倒入下级筛内，并将筛好的筛上试样称质量，准确至 0.1 g。

注：每级筛上称好的试样，均应做好记录后，再倒回本级筛内，以备试验数据有误时，进行复查之用。

(5)各级筛上及盘底内试样质量总和与试样取土质量之差不得大于 1%。

注：根据土的性质和工程要求可适当增减不同筛径的分析筛。

表 3-1　取样数量

粒径尺寸(mm)	取样数量(g)
＜2	100~300
＜10	300~1 000
＜20	1 000~2 000
＜40	2 000~4 000
＜60	4 000 以上

4.成果整理

(1)小于某粒径的试样质量占试样总质量的百分比，应按下式计算

$$X = \frac{m_A}{m_B} d_x \tag{3-1}$$

式中　X——小于某粒径的试样占总质量的百分比，%；

m_A——小于某粒径的试样质量，g；

m_B——当细筛分析时或用密度计法分析时所取试样质量(粗筛分析时则为试样总质量)，g；

d_x——粒径小于 2 mm 的试样质量占总质量的百分数，在计算粗筛分析时 d_x=100%。

(2)绘制颗粒大小级配曲线。以小于某粒径的颗粒质量百分数为纵坐标，以粒径(mm)对数为横坐标，绘制颗粒大小级配曲线，求出各粒组的颗粒质量百分数。

(二)密度计法

密度计分为甲种和乙种。甲种密度计读数表示 1 000 mL 悬液中的干土重；乙种密度计读数表示悬液比重。两种密度计其制造原理和使用方法并无不同之处。

1.试验原理

密度计法，是将一定量的土样(粒径小于 0.075 mm)放在量筒中，然后加蒸馏水，经过搅拌使土的大小颗粒在水中均匀分布，当土粒在液体中靠自重下沉时，较大的颗粒下

沉较快，而较小的颗粒下沉则较慢。在土粒沉降过程中，用密度计测出在悬液中对应于不同沉降时间的悬液密度，根据密度计读数和土粒的下沉时间，就可计算出小于某一粒径 d(mm)的颗粒占土样的百分数。

2.仪器设备

密度计(甲种，见图 3-1)、细筛、煮沸设备、三角烧瓶 500 mL、量筒 1 000 mL、搅拌器、六偏磷酸钠(4%)、秒表、温度计等。

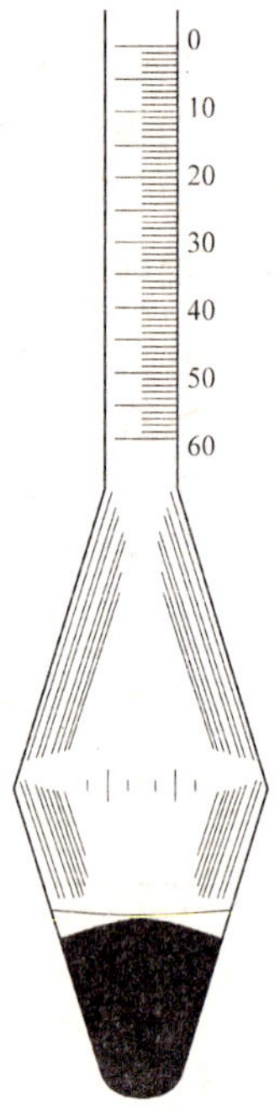

图 3-1　甲种密度计

3.操作步骤

(1)称质量为 30 g 的风干试样倒入锥形瓶中，勿使土粒丢失，注入 200 mL 蒸馏水浸泡过夜。

(2)将锥形瓶放在煮沸设备上，连接冷凝管进行煮沸。一般煮沸时间约 1 h。

(3)将冷却后的悬液倒入瓷杯中，静置 1 min，将上部悬液倒入筒内。杯底沉淀物用带橡皮头的研杵细心研散，加蒸馏水，经搅拌后静置 1 min，再将上部悬液倒入量筒。如此反复操作直至杯内悬液澄清为止。当土中大于 0.075 mm 的颗粒估计超过试样总质量的 15%时,应将其全部倒至 0.075 mm 筛上冲洗,直至筛上仅留大于 0.075 mm 的颗粒为止。

(4)将留在洗筛上的颗粒洗入蒸发皿内，倾去上部清水，烘干称质量，然后按规程规定进行细筛筛析。

(5)将过筛悬液倒入量筒，加 4%浓度的六偏磷酸钠约 10 mL 于量筒溶液中，再注入纯水，使筒内悬液达 1 000 mL(对加入六偏磷酸钠后产生凝聚的土，应选用其他分散剂)。

(6)用搅拌器在量筒内沿整个悬液深度上下搅拌约 1 min，往复各约 30 次，搅拌时勿使悬液溅出筒外，使悬液内土粒均匀分布。

(7)取出搅拌器，将密度计放入悬液中同时开动秒表。测经 1、5、30、120 min 和 1 440 min 时的密度计读数。根据试样情况或实际需要，可增加密度计读数或缩短最后一次读数的时间。

(8)每次读数均应在预定时间前 10~20 s 将密度计小心放入悬液接近读数的深度，并须注意密度计浮泡保持在量筒中部位置，不得贴近筒壁。

(9)密度计读数均以弯液面上缘为准。甲种密度计应准确至 0.5，乙种密度计应准确至 0.000 2，每次读数完毕立即取出密度计放入盛有纯水的量筒中，并测定各相应的悬液温度，准确至 0.5 ℃。放入或取出密度计，应尽量减少对悬液的扰动。

(10)如试样在分析前未过 0.075 mm 洗筛，而在密度计第 1 个读数时，发现下沉的土粒以超过试样总质量的 15%时，则应于试验结束后，将量筒中土粒过 0.075 mm 筛，然后按规程规定求得粒径大于 0.075 mm 的颗粒组成。

4.成果整理

(1)按下列公式计算小于某粒径的试样质量占试样总质量百分数。

甲种密度计

$$X=\frac{100}{m_{\mathrm{d}}}C_{\mathrm{s}}\left(R+m_{\mathrm{t}}+n-C_{\mathrm{D}}\right) \tag{3-2}$$

式中　X——小于某粒径的土质量百分数，%；

m_{d}——试样干土质量，g；

C_{s}——土粒比重校正值，查表 3-2；

m_{t}——温度校正值，查表 3-3；

C_{D}——分散剂校正值；

n——弯液面校正值；

R——甲种密度计读数。

按公式计算

$$C_{\mathrm{s}}=\frac{\rho_{\mathrm{s}}}{\rho_{\mathrm{s}}-\rho_{\omega_{20}}}\times\frac{2.65-\rho_{\omega_{20}}}{2.65} \tag{3-3}$$

式中　ρ_{s}——土粒密度，g/cm^3；

$\rho_{\omega_{20}}$——20 ℃时水的密度，g/cm^3。

计算颗粒直径，也可按图确定。

$$d=\sqrt{\frac{1\,800\times10^{4}\eta}{(G_{\mathrm{s}}-G_{\omega_t})\rho_{\omega_0}g}\times\frac{L}{t}} \tag{3-4}$$

为了简化计算公式可写成

$$d=K\sqrt{\frac{L}{t}}$$

式中　K——粒径计算系数，$K=\sqrt{\frac{1\,800\times10^{4}\eta}{(G_{\mathrm{s}}-G_{\omega_t})\rho_{\omega_0}g}}$，与悬液温度和土粒比重有关。见表 3-4。

(2)用小于某粒径的质量百分数为纵坐标，颗粒直径(mm)在对横坐标上，绘制颗粒大小分布曲线。如与筛析法联合分析，应将两段曲线绘成一平滑曲线。

5.密度计法试验的几个问题

1)试样的状态和用量

黏性土颗粒分析的结果主要取决于分析的试样状态、制备方法和分析方法等因素，试样通常分为天然湿度、风干和烘干三种状态。实践证明：用天然状态下的试样比风干和烘干试样所得的黏粒含量均偏高。因为黏土中往往有非可溶性的胶体物质，经过干燥后细颗粒能胶结成团，难以再度分散，所以用天然湿度状态下的试样分析更符合实际。但是在实际工作中，往往在土样取出后，经过长途运送，历时较长，无法保持其天然含水率，因此在标准中建议采用风干试样，对同一地区同一工程用途应该采用相同状态的土样进行分析，以便比较。试样的用量：密度计法试样用量规定为 30 g。

表 3-2 土粒比重校正值

土 粒 比 重	比 重 校 正 值	
	甲种密度计 C_s	乙种密度计 C_s'
2.50	1.038	1.666
2.52	1.032	1.658
2.54	1.027	1.649
2.56	1.022	1.641
2.58	1.017	1.632
2.60	1.012	1.625
2.62	1.007	1.617
2.64	1.002	1.609
2.66	0.998	1.603
2.68	0.993	1.595
2.70	0.989	1.588
2.72	0.985	1.581
2.74	0.981	1.575
2.76	0.977	1.568
2.78	0.973	1.562
2.80	0.969	1.556
2.82	0.965	1.549
2.84	0.961	1.543
2.86	0.958	1.538
2.88	0.954	1.532

表 3-3　温度校正值

悬液温度（℃）	温度校正值 甲种密度计	温度校正值 乙种密度计	悬液温度（℃）	温度校正值 甲种密度计	温度校正值 乙种密度计
10.0	－2.0	－0.001 2	20.5	+0.1	+0.000 1
10.5	－1.9	－0.001 2	21.0	+0.3	+0.000 2
11.0	－1.9	－0.001 2	21.5	+0.5	+0.000 3
11.5	－1.8	－0.001 1	22.0	+0.6	+0.000 4
12.0	－1.8	－0.001 1	22.5	+0.8	+0.000 5
12.5	－1.7	－0.001 0	23.0	+0.9	+0.000 6
13.0	－1.6	－0.001 0	23.5	+1.1	+0.000 7
13.5	－1.5	－0.000 9	24.0	+1.3	+0.000 8
14.0	－1.4	－0.000 9	24.5	+1.5	+0.000 9
14.5	－1.3	－0.000 8	25.0	+1.7	+0.001 0
15.0	－1.2	－0.000 8	25.5	+1.9	+0.001 1
15.5	－1.1	－0.000 7	26.0	+2.1	+0.001 3
16.0	－1.0	－0.000 6	26.5	+2.2	+0.001 4
16.5	－0.9	－0.000 6	27.0	+2.5	+0.001 5
17.0	－0.8	－0.000 5	27.5	+2.6	+0.001 6
17.5	－0.7	－0.000 4	28.0	+2.9	+0.001 8
18.0	－0.5	－0.000 3	28.5	+3.1	+0.001 9
18.5	－0.4	－0.000 3	29.0	+3.3	+0.002 1
19.0	－0.3	－0.000 2	29.5	+3.5	+0.002 2
19.5	－0.1	－0.000 1	30.0	+3.7	+0.002 3
20.0	0.0	0.000 0			

表 3-4　粒径计算系数 $K=\sqrt{\dfrac{1\,800\times 10^{4}\eta}{\left(G_{s}-G_{\omega_{t}}\right)\rho_{\omega_{0}}g}}$ 值表

温度(℃)	土粒比重								
	2.45	2.50	2.55	2.60	2.65	2.70	2.75	2.80	2.85
5	0.138 5	0.136 0	0.133 9	0.131 8	0.129 8	0.127 9	0.126 1	0.124 3	0.122 6
6	0.136 5	0.134 2	0.132 0	0.129 9	0.128 0	0.126 1	0.124 3	0.122 5	0.120 8
7	0.134 4	0.132 1	0.130 0	0.128 0	0.126 0	0.124 1	0.122 4	0.120 6	0.118 9
8	0.132 4	0.130 2	0.128 1	0.126 0	0.124 1	0.122 3	0.120 5	0.118 8	0.118 2
9	0.130 5	0.128 3	0.126 2	0.124 2	0.122 4	0.120 5	0.118 7	0.117 1	0.116 4
10	0.128 8	0.126 7	0.124 7	0.122 7	0.120 8	0.118 9	0.117 3	0.115 6	0.114 1
11	0.127 0	0.124 9	0.122 9	0.120 9	0.119 0	0.117 3	0.115 6	0.114 0	0.112 4
12	0.125 3	0.123 2	0.121 2	0.119 3	0.117 5	0.115 7	0.114 0	0.112 4	0.110 9
13	0.123 5	0.121 4	0.119 5	0.117 5	0.115 8	0.114 1	0.112 4	0.110 9	0.100 4
14	0.122 1	0.120 0	0.118 0	0.116 2	0.114 9	0.112 7	0.111 1	0.109 5	0.100 0
15	0.120 5	0.118 4	0.116 5	0.114 8	0.113 0	0.111 3	0.109 6	0.108 1	0.106 7
16	0.118 9	0.116 9	0.115 0	0.113 2	0.111 5	0.109 8	0.108 3	0.106 7	0.105 3
17	0.117 3	0.115 4	0.113 5	0.111 8	0.110 0	0.108 5	0.106 9	0.104 7	0.103 9
18	0.115 9	0.114 0	0.112 1	0.110 3	0.108 6	0.107 1	0.105 5	0.104 0	0.102 6
19	0.114 5	0.112 5	0.110 8	0.109 0	0.107 3	0.105 8	0.103 1	0.108 8	0.101 4
20	0.113 0	0.111 1	0.109 3	0.107 5	0.105 9	0.104 3	0.102 9	0.101 4	0.100 0
21	0.111 8	0.109 9	0.108 1	0.106 4	0.104 3	0.103 3	0.101 8	0.100 3	0.099 0
22	0.110 3	0.108 5	0.106 7	0.105 0	0.103 5	0.101 9	0.100 4	0.099 0	0.097 67
23	0.109 1	0.107 2	0.105 5	0.103 8	0.102 3	0.100 7	0.099 30	0.097 93	0.096 59
24	0.107 8	0.106 1	0.104 4	0.102 8	0.101 2	0.099 70	0.098 23	0.096 00	0.095 55
25	0.106 5	0.104 7	0.103 1	0.101 4	0.099 90	0.098 39	0.097 01	0.095 66	0.094 34
26	0.105 4	0.103 5	0.101 9	0.100 3	0.098 97	0.097 31	0.095 92	0.094 55	0.093 27
27	0.104 1	0.102 4	0.100 7	0.099 15	0.097 67	0.096 23	0.094 82	0.093 49	0.092 25
28	0.103 2	0.101 4	0.099 75	0.098 18	0.096 70	0.095 29	0.093 91	0.092 57	0.091 32
29	0.101 9	0.100 2	0.098 59	0.097 06	0.095 55	0.094 13	0.092 79	0.091 44	0.090 28
30	0.100 8	0.099 10	0.097 52	0.095 97	0.094 50	0.093 11	0.091 76	0.090 50	0.089 27

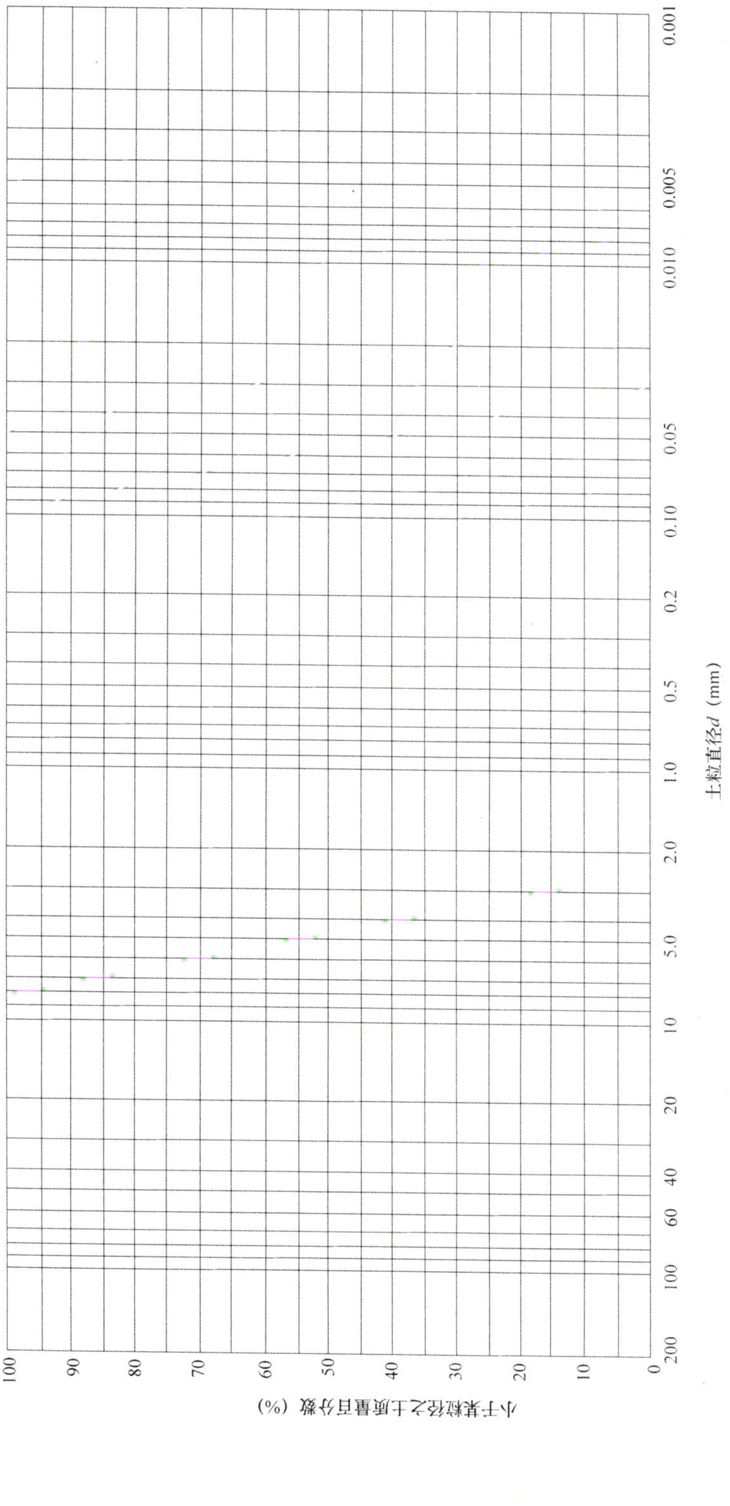
0.001
0.005
0.010
0.05
0.10
0.2
0.5
1.0
2.0
5.0
10
20
40
60
100
200
土粒直径d (mm)
100
90
80
70
60
50
40
30
20
10
0
小于某粒径之土质量百分数 (%)

颗粒大小分布曲线

颗粒分析试验(密度计法)

工程编号＿＿＿＿＿＿＿＿　　试验者＿＿＿＿＿＿＿＿

土样编号＿＿＿＿＿＿＿＿　　计算者＿＿＿＿＿＿＿＿

试验日期＿＿＿＿＿＿＿＿　　校核者＿＿＿＿＿＿＿＿

小于 0.075 mm 颗粒土质量百分数＿＿＿＿＿＿　　干土总质量＿＿＿＿＿＿

湿土质量＿＿＿＿＿＿　　密度计号＿＿＿＿＿＿

干土质量＿＿＿＿＿＿　　量筒号＿＿＿＿＿＿

含水率＿＿＿＿＿＿　　烧瓶号＿＿＿＿＿＿

含盐量＿＿＿＿＿＿　　土粒比重＿＿＿＿＿＿

风干土质量＿＿＿＿＿＿　　比重校正值＿＿＿＿＿＿

试样处理说明＿＿＿＿＿＿　　弯液面校正值＿＿＿＿＿＿

下沉时间 t (min)	悬液温度 T (℃)	密度计读数					土粒落距 L (cm)	粒径 d (mm)	小于某粒径的土质量百分数(%)	小于某粒径的总土质量百分数(%)
		密度计读数 R	温度校正值 m	分散剂校正值 C_D	$R_m=R+m+n-C_D$	$R_H=R_mC_s$				

第四章　土的物理性质试验

第一节　含水率试验

含水率的定义是试样在105~110 ℃温度下烘至恒量时，所失去的水质量和恒量后干土质量的比值，以百分数表示。

一、试验目的

含水率是土的基本物理性质指标之一。它反映土的状态，含水率的变化将使土的一系列物理力学性质随之而异。这种影响表现在各个方面，如反映在土的稠度方面，使土成为坚硬的、可塑的或流动的；反映在土内水分的饱和程度方面，使土成为稍湿、很湿或饱和的；反映在土的力学性质方面，能使土的结构强度增加或减小，紧密或疏松，构成压缩性及稳定性的变化。因此，土的含水率是研究土的物理力学性质必不可少的一项指标。同时，土的含水率也是水工建筑物施工质量控制的依据。本试验适用于粗、细粒土和有机质土。

二、试验方法

测定含水率的方法有烘干法、酒精燃烧法、炒干法、比重法、实容积法、微波法和核子射线法等。

(一)烘干法

1.试验原理

烘干法是将试样放入温度能保持在105~110 ℃电热烘干箱中烘至恒重的方法，是测定含水率的通用标准方法，精度高、试验简便、结果稳定。故此法为室内测定含水率的标准方法，被列入国家标准。

2.试验仪器

电热烘干箱、天平、干燥器、称量盒等。

3.操作步骤

(1)调平天平，记录称量盒的号码并称称量盒的质量。

(2)从原状土或扰动土试样中，选取具有代表性的试样 15~30 g，放入称量盒内，立即盖上盒盖，称盒加湿土质量，准确至0.01 g。

(3)打开盒盖，旋在盒底。将试样和盒置于烘干箱内，在105~110 ℃的恒温下烘至恒量。烘干时间：对黏土、粉土不得少于8 h；对砂土不得少于6 h；对含有机质超过10%的土，应将温度控制在65~70 ℃的恒温下烘至恒量。

(4)将烘干后的试样和盒从烘干箱中取出，立即盖上盒盖，放入干燥器内冷却至室温，称盒加干土质量，准确至 0.1 g。

4.成果整理

试样含水率应按下式计算

$$\omega=\left(\frac{m}{m_{\mathrm{d}}}-1\right)\times 100 \tag{4-1}$$

式中　ω——含水率，%，准确至 0.1%；

m——试样的质量，g；

m_{d}——试样干土质量，g。

含水率试验必须进行两次平行测定，取其算术平均值，以百分数表示。测定的允许平行差值：当含水率小于 40%时为 1%；当含水率大于或等于 40%时为 2%。

(二)酒精燃烧法

本试验适用于简易测定细粒土含水率。

1.试验原理

在试样中加入酒精，利用酒精在试样上燃烧，使土中水分蒸发，将土烧干。

2.试验仪器

称量盒、天平、酒精(纯度 95%)、滴管、调土刀等。

3.操作步骤

(1)取代表性试样(黏质土 5~10 g，砂质土 20~30 g)，放入称量盒内，按规程规定称湿土质量。

(2)用滴管将酒精注入放有试样的称量盒中，直至盒中出现自由液面为止。为使酒精在试样中充分混合均匀，可将盒底在桌面上轻轻敲击。

(3)点燃盒中酒精，烧至火焰熄灭。

(4)将试样冷却数分钟，按规程规定再重复燃烧 2 次。当第 3 次火焰熄灭后，立即盖好盒盖，称干土质量。称量应准确至 0.01 g。

(5)试验需进行 2 次平行测定，计算方法及允许平行差值见含水率公式(4-1)和表 4-1。

表 4-1　允许平行差值

含水率(%)	允许平行差值(%)
＜10	0.5
10~40	1.0
＞40	2.0

酒精燃烧法试验记录表同烘干法。

(三)比重法

本试验适用于砂类土。

1.试验原理

根据比重试验，测定湿土体积，估计土粒比重，间接计算土的含水率。

2.试验仪器

玻璃瓶(容积 500 mL 以上)、天平、漏斗、小勺、吸水球、玻璃片、土样盘、玻璃棒等。

3.操作步骤

(1)取代表性砂质土试样 200~300 g，放入土样盘内。

(2)向玻璃瓶中注入清水至 1/3 左右，然后用漏斗将土样盘中的试样倒入瓶中，并用玻璃棒搅拌 1~2 min，直到含气完全排出为止。

(3)向瓶中加清水至全部充满，静置 1 min 后用吸水球吸去泡沫，再加清水使其充满，盖上玻璃片，擦干瓶外壁称量。

(4)倒去瓶中混合液，洗净，再向瓶中加清水至全部充满，盖上玻璃片，擦干瓶外壁称量。称量应准确至 0.5 g。

(5)试验需进行 2 次平行测定，取其算术平均值。

4.成果整理

按下式计算含水率

$$\omega=\left[\frac{m(G_s-1)}{G_s(m_1-m_2)}-1\right]\times 100 \tag{4-2}$$

式中 ω——砂性土的含水率，%；

m——湿土质量，g；

m_1——瓶、水、土、玻璃片质量，g；

m_2——瓶、水、玻璃片质量，g；

G_s——土粒比重。

含水率计算至 0.1%。

(四)炒干法

用火炉或电炉将试样炒干，在炒干过程中，随时翻拌试样，至试样表面完全干燥。此法适用于砂性土及含砾较多的土，在工地使用。此法也不符合定义所规定的 105~110 ℃，炒干法温度在 100~105 ℃，所测的含水率略大于烘干法。

三、含水率试验中的几个问题

(一)代表性试样的选取和试样数量

进行含水率试验时，常因土层不均匀、试样数量过少、扰动土样(风干土)拌和不匀、钻探取样时取土器和筒壁的挤压、土样在运输和存放期间保持不当等各种因素影响试验结果。这些影响因素中，有的属于土样客观存在，有的属于人为造成。土层不均匀是土体本身的客观实际，为此选取测定含水率的试样时，应根据试验目的和要求而定。

(二)测定含水率时烘干温度和时间的控制

国家标准中规定测试含水率时的烘干温度采用 105~110 ℃，这是因为取决于土的水理性质。黏性土中水一般分为强黏结水、弱黏结水和自由水三种，为不使强结合水不断析出及有机质不断损失，保证测得的结果稳定，烘干温度不宜过高。国际上也采用 105~110 ℃。

烘干时间与土的类别及取土数量有关。对黏性土取 15~30 g，烘干时间不少于 8 h 是根据多年比较试验而确定的。对砂性土不少于 6 h，由于砂性土持水性差，含水率易于变化。对烘干、烧干、炒干的试样应先冷却后再称量，一是避免天平受热不均影响称量精度，二是防止热土吸收空气中的水分。为此，试样应放在装有干燥剂的缸内冷却，缸口涂以凡士林与外界空气隔绝，试样在干燥缸内冷却至室温再称量。

酒精燃烧法和炒干法，其温度均不符合 105~110 ℃的要求，但酒精倒入试样燃烧开始时即汽化，酒精的气体部分构成火焰的焰心，火焰与土样一般保持 2~3 cm 的距离，实际上土样受到的温度仅在 70~80 ℃，待火焰将熄灭的几秒钟才与土面接触，致使土的温度上升 200~220 ℃。由于高温燃烧时间较短，土样基本受到适宜的温度，根据经验得知，测得的结果与烘干法误差不大。

炒干法是将金属盘放在火炉上将土炒干，温度在 100~105 ℃，由于砂土中强黏结水较少，温度影响较小。

(三)平行试验和平行差值

标准中规定采用平行试验的目的是为了避免操作中发生错误，对原状土通过平行试验可进一步了解含水率的均匀程度。为保证试验准确度，试验中规定平行差值是合理的，对于烘干法，含水率在 40%以下，允许差值 1%；含水率等于或大于 40%，允许差值 2%。

思考题

1.含水率的计算公式是什么？

2.烘干法使用的仪器有哪些？

3.采用平行试验的目的是什么？

含水率试验(烘干法)

工程名称________________　　　　试验者________________

试验方法________________　　　　计算者________________

试验日期________________　　　　校核者________________

试样编号	盒号	盒质量(g)	盒加湿土质量(g)	盒加干土质量(g)	水分质量(g)	干土质量(g)	含水率(%)	平均含水率(%)	土样说明

含水率试验记录(比重法)

工程名称________________　　　　试验者________________

试验方法________________　　　　计算者________________

试验日期________________　　　　校核者________________

土样编号	瓶号	湿土质量(g)	瓶、水、土、玻璃片总质量(g)	瓶、水、玻璃片总质量(g)	土粒比重	含水率(%)	平均含水率(%)	备 注

第二节　密度试验

一、试验目的

土的密度定义为单位体积的土质量。它是土的主要物理性质指标之一。用它可以换算土的干密度、孔隙比、饱和度等指标。

二、试验方法

无论室内试验还是野外勘察以及施工质量控制中均要测定密度。测定密度的方法常用的有环刀法、蜡封法、灌砂法和灌水法等。对黏性土环刀法操作简便而准确，在室内和野外普遍采用。不能用环刀切削的坚硬、易碎、含有粗粒、形状不规则的土可用蜡封法。灌砂法和灌水法一般在野外应用，适用于砂、砾等。近几年用于测定天然密度的核子射线法也逐渐成熟，对饱和松散砂、淤泥、软黏土等可用此法测定。

(一)环刀法

1.试验原理

环刀法是采用一定体积环刀切取试样并称试样质量的方法，环刀内土的质量与体积之比即为土的密度。土的湿密度是指土的单位体积质量，是土的基本物理性质指标之一，其单位为 g/cm^3。

2.试验仪器设备

环刀(内径 61.8 mm 和 79.8 mm，高度 20 mm)、天平、切土刀、钢丝锯、凡士林等。

3.操作步骤

(1)调平天平，称环刀质量，做好记录。

(2)按工程需要取原状土或制备所需状态的扰动试样，整平其两端，将环刀内壁涂一薄层凡士林，刀刃口向下放在试样上。

(3)用切土刀(或钢丝锯)将试样削成略大于环刀直径的土柱。然后将环刀垂直下压，边压边削，直至试样伸出环刀为止。将两端余土削去修平，取剩余的代表性试样测定含水率。

(4)擦净环刀外壁称质量。可直接称出湿土质量，准确至 0.1 g。

(5)环刀法试验记录见后文对应的表。

4.成果整理

按下式计算密度及干密度

$$\rho = \frac{m}{V} \tag{4-3}$$

式中　m——湿土质量，g；

V——环刀容积，cm^3。

$$\rho_d = \frac{\rho}{1+0.01\omega} \tag{4-4}$$

式中　ρ——密度，g/cm^3，计算至 0.01 g/cm^3；

ρ_d——干密度，g/cm^3；

ω——含水率，%。

试验应进行 2 次平行测定，其平行差值不得大于 0.03 g/cm^3，取其算术平均值。

(二)蜡封法

本试验方法适用于易破裂土和形状不规则的坚硬土。

1.仪器设备

蜡封设备：应附熔蜡加热器；天平。

2.操作步骤

(1)从原状土样中，切取体积不小于 30 cm^3 的代表性试样，清除表面浮土及尖锐棱角，系上细线，称试样质量，准确至 0.01 g。

(2)持线将试样缓缓浸入刚过熔点的蜡液中，浸没后立即提出，检查试样周围的蜡膜，当有气泡时应用针刺破，再用蜡液补平，冷却后称蜡封试样质量。

(3)将蜡封试样挂在天平的一端，浸没于盛有纯水的烧杯中，称蜡封试样在纯水中的质量，并测定纯水的温度。

(4)取出试样，擦干蜡面上的水分，再称蜡封试样质量。当浸水后试样质量增加时，应另取试样重做试验。

(5)本试验进行 2 次平行测定，两次测定的差值不得大于 0.03 g/cm^3，取两次测值的平均值。

(6)蜡封法试验记录见后文对应的表。

3.成果整理

计算应按下式：

$$\rho_0 = \frac{m_0}{\dfrac{m_0 - m_{nw}}{\rho_{wt}} - \dfrac{m_n - m_0}{\rho_n}} \tag{4-5}$$

式中　m_0——湿土质量，g；

m_n——蜡封试样质量，g；

m_{nw}——蜡封试样在纯水中的质量，g；

ρ_{wt}——纯水在 t℃时的密度，g/cm^3；

ρ_n——蜡的密度，g/cm^3，准确至 0.01 g/cm^3；

ρ_0——试样密度，g/cm^3。

试样的干密度，应按式(4-4)计算。

(三)灌水法

本试验方法适用于现场测定粗粒土的密度。

1.仪器设备

储水筒：直径应均匀，并附有刻度及出水管、台秤(称重 50 kg，最小分度值 10 g)。

2.操作步骤

(1)根据试样最大粒径，确定试坑尺寸见表 4-2。

表 4-2　试坑尺寸

试样最大粒径(mm)	试坑尺寸(mm)	
	直　径	深　度
5(20)	150	200
40	200	250
60	250	300

(2)将选定试验处的试坑地面整平，除去表面松散的土层。

(3)按确定的试坑直径划出坑口轮廓线，在轮廓线内下挖至要求深度，边挖边将坑内的试样装入盛土容器内，称试样质量，准确到 10 g，并应测定试样的含水率。

(4)试坑挖好后，放上相应尺寸的套环，用水准尺找平，将大于试坑容积的塑料薄膜袋平铺于坑内，翻过套环压住薄膜四周。

(5)记录储水筒内初始水位高度，拧开储水筒出水管开关，将水缓慢注入塑料薄膜袋中。当袋内水面接近套环边缘时，将水流调小，直至袋内水面与套环边缘齐平时关闭出水管，持续 3~5 min，记录储水筒内水位高度。当袋内出现水面下降时，应另取塑料薄膜袋重做试验。

(6)灌水法试验记录见后文对应的表。

3.成果整理

试坑的体积，应按下式计算

$$V_p=(H_1-H_2)\times A_w-V_0 \tag{4-6}$$

式中　V_p——试坑体积，cm^3；

H_1——储水筒初始水位高度，cm；

H_2——储水筒内注水终了时水位高度，cm；

A_w——储水筒断面面积，cm^2；

V_0——套环体积，cm^3。

试样的密度，应按下式计算

$$\rho_0=\frac{m_p}{V_p} \tag{4-7}$$

式中　ρ_0——试样密度，g/cm^3；

m_p——取自试坑内的试样质量，g。

(四)灌砂法

灌砂法的操作与灌水法一样，先挖试坑，试坑尺寸见表 4-2。灌砂法所用的标准砂应该清洗洁净，选择适当粒径使其密度变化较小，标准中规定粒径在 0.25~0.50 mm，密度选用 1.47~1.61 g/cm^3。试验前首先用密度测定器测定标准砂的密度，其次根据试样最大粒径，按规定尺寸挖好试坑，将试样称量。利用密度测定器上的容砂瓶向试坑中注砂，根据容砂瓶内用去砂的质量，计算试样的密度

$$\rho_0=\frac{m_p}{\frac{m_s}{\rho_s}} \tag{4-8}$$

式中　ρ_0——试样密度，g/cm^3；

m_p——取自试坑内的试样质量，g；

m_s——注满试坑所用标准砂的质量，g；

ρ_s——标准砂的密度，g/cm^3。

三、密度试验的注意问题

(1)按土质均匀程度及试样尺寸选择不同容积的环刀。室内进行密度试验，考虑到剪切、固结等项试验所用环刀相配合，一般选用内径为61.8 mm、高为20 mm即容积为60 cm^3的环刀。用环刀切土时，要防止试样扰动，所以应先切成一个较环刀内径略大的土柱，然后将环刀垂直下压。为避免环刀下压时挤压四周试样，应边压边削，直至试样伸出环刀，将两端修平。

(2)关于蜡的温度规定刚过熔点，以蜡液达到熔点以后不出现气泡为准。蜡液温度过高，对试样的含水率和结构都会造成一定的影响；而温度过低，蜡溶解不均匀，不易封好蜡皮。蜡封时为避免土样的扰动和气泡封闭在试样与蜡之间，故需缓慢地将试样浸入蜡中。

水的密度随温度而变化，故试验中应测定水温，其目的是为了消除因水密度变化而产生的影响。各种蜡的密度不相同，所以试验前需测定蜡的密度。

(3)目前不少工程采用灌水法测定试样密度，挖试坑后在试坑内铺塑料薄膜袋，由于薄膜不能紧贴凹凸不平的坑壁，并有折叠、皱纹等现象，使测得的体积缩小，计算的密度偏大。为了避免过大的误差，要求薄膜袋的尺寸应与试坑大小相适应。

(4)灌砂法试坑尺寸必须与试样粒径相配合，使所取的试样有足够的代表性，为此在标准中规定了与试样最大粒径相对应的试坑尺寸见表 4-2。由于灌砂法适用砂、砾，在开挖试坑时，周围的砂粒容易移动，使试坑体积减小，测得的密度偏高，操作时应特别小心。试坑内已松动的颗粒应全部取出。

地表刮平对正确测定试坑体积是很重要的。现在灌砂法一般不用套环，而是直接在刮平的地面上挖试坑，然后灌砂求其体积。

思考题

1.进行室内密度试验时，一般选用的环刀直径和高度各为多少？

2.测定密度的常用方法有哪几种？

3.环刀法适用于什么土类？

密度试验(环刀法)

工程名称＿＿＿＿＿＿ 试验者＿＿＿＿＿＿

钻孔编号＿＿＿＿＿＿ 计算者＿＿＿＿＿＿

试验日期＿＿＿＿＿＿ 校核者＿＿＿＿＿＿

试样编号	土样类别	环刀号	湿土质量(g)	体积(cm^3)	湿密度(g/cm^3)	含水率(%)	干密度(g/cm^3)	平均干密度(g/cm^3)

密度试验(蜡封法)

工程名称＿＿＿＿＿＿ 试验者＿＿＿＿＿＿

钻孔编号＿＿＿＿＿＿ 计算者＿＿＿＿＿＿

试验日期＿＿＿＿＿＿ 校核者＿＿＿＿＿＿

试样编号	试样质量(g)	蜡封试样质量(g)	蜡封试样水中质量(g)	温度(℃)	纯水在t℃时的密度(g/cm^3)	蜡封试样体积(cm^3)	蜡体积(cm^3)	试样体积(cm^3)	湿密度(g/cm^3)	含水率(%)	干密度(g/cm^3)	平均干密度(g/cm^3)

密度试验(灌水法)

工程名称＿＿＿＿＿＿ 试验者＿＿＿＿＿＿

钻孔编号＿＿＿＿＿＿ 计算者＿＿＿＿＿＿

试验日期＿＿＿＿＿＿ 校核者＿＿＿＿＿＿

试坑编号	储水筒水位(cm)		储水筒断面面积(cm^2)	试坑体积(cm^3)	试样质量(g)	湿密度(g/cm^3)	含水率(%)	干密度(g/cm^3)	试样重度(kN/cm^3)
	初始	终了							

密度试验(灌砂法)

工程名称________　试验者________

钻孔编号________　计算者________

试验日期________　校核者________

试样编号	量砂容器质量加原有量砂质量(g)	量砂容器质量加剩余量砂质量(g)	试坑用砂质量(g)	量砂密度(g/cm^3)	试坑体积(cm^3)	试样加容器质量(g)	容器质量(g)	试样质量(g)	试样密度(g/cm^3)	试样含水率(%)	试样干密度(g/cm^3)	试样重度(kN/cm^3)

第三节　比重试验

一、试验目的

土粒比重是土的基本物理性质指标之一。它是计算孔隙比和评价土类的主要指标。土粒比重定义为土粒在 105～110 ℃温度下烘至恒量时的质量与同体积 4 ℃时纯水质量的比值。根据现行国家标准《岩土工程基本术语标准》(GB/T 50279)仍使用“土粒比重”这个无量纲的名词，作为土工试验中的专用名词。土工试验中对土粒比重的定义既照顾了岩土工程中的习惯用法，又有明确的科学定义，符合法定计量单位的有关规定。

二、试验方法

按照土粒粒径的不同，分别选用不同的方法进行比重测定。

(1)对于粒径小于 5 mm 的土，用比重瓶法测定。

(2)对于粒径大于或等于 5 mm 的土，其中含粒径大于 20 mm 颗粒小于 10%时，用浮称法进行；含粒径大于 20 mm 颗粒等于或大于 10%时，用虹吸筒法进行；对粗、细颗粒混合的土，应区别情况进行测定，以不影响准确度为原则。①当其中大于 5 mm 的粗粒含量较少时，可直接用比重瓶法测定，并允许将大于 5 mm 的颗粒敲碎拌和均匀后取样。颗粒敲碎有助于排除孔隙里的空气。②当大于 5 mm 的粗粒含量较多时，根据实际情况分别用浮称法(或虹吸筒法)和比重瓶法测定，再求其加权平均值。

(3)一般土粒的比重用纯水测定，对含有可溶盐、亲水性胶体或有机质的土，需用中性液体(如煤油)测定。

1.比重瓶法试验原理

比重瓶法就是由称好质量的干土放入盛满水的比重瓶的前后质量差异，来计算土粒的体积，从而进一步计算出土粒比重。

2.试验仪器

比重瓶(50 mL)、天平、恒温水槽、电砂浴、温度计、烘干箱、纯水、漏斗、滴管等。

3.操作步骤

(1)将比重瓶烘干，称烘干土 15 g(当用 50 mL 比重瓶时，称烘干试样 10 g)装入比重瓶内，称试样和瓶的总质量，准确至 0.001 g。

(2)为排除土中的空气，将已装有干土的比重瓶，注纯水至瓶的一半处，摇动比重瓶，并将瓶放在电砂浴上煮沸，煮沸时间自悬液沸腾时算起，砂及砂质粉土不得少于 30 min；黏土及粉土不得少于 1 h。煮沸时应注意不使土液溢出瓶外。

(3)将纯水注入比重瓶，如是长颈比重瓶，注水至略低于瓶的刻度处；如是短颈比重瓶，应注水至近满(有恒温水槽时，可将比重瓶放于恒温水槽内)。待瓶内悬液温度稳定及瓶上部悬液澄清。

(4)如是长颈比重瓶，用滴管调整液面恰至刻度处(以弯液面下缘为准)，擦干瓶外及瓶内壁刻度以上部分的水，称瓶、水、土总质量；如是短颈比重瓶，塞好瓶塞，使多余水分自瓶塞毛细管中溢出，将瓶外壁水分擦干后，称瓶、水、土总质量。称量后立即测出瓶内水的温度。

(5)根据测得的温度，从已绘制的温度与瓶、水总质量关系中查得瓶、水总质量。称量应准确至 0.001 g。

4.成果整理

用纯水测定时，按下式计算土粒比重

$$G_s = \frac{m_d}{m_1 + m_d - m_2} G_{wt} \tag{4-9}$$

式中 G_s——土粒比重；

m_d——干土质量，g；

m_1——瓶、水总质量，g；

m_2——瓶、水、土总质量，g；

G_{wt}——t °C 时纯水或中性液体的比重，水的比重查表 4-3，中性液体的比重应实测，称量应准确至 0.001 g。

表 4-3 不同温度时水的比重(近似值)

水温(℃)	4.0 ~ 12.5	12.5 ~ 19.0	19.0 ~ 23.5	23.5 ~ 27.5	27.5 ~ 30.5	30.5 ~ 33.0
水的比重	1.000	0.999	0.998	0.997	0.996	0.995

试验须进行 2 次平行测定，其平行差值不得大于 0.02，取其算术平均值。

思考题

1.比重试验是根据什么基本原理来进行试验的？

2.试验中为什么土溶液要煮沸或进行抽气？

3.根据土粒粒径的不同，土的比重试验可分别采用哪几种方法？

比重试验(比重瓶法)

工程名称＿＿＿＿＿＿＿　　试验者＿＿＿＿＿＿＿

钻孔编号＿＿＿＿＿＿＿　　计算者＿＿＿＿＿＿＿

试验日期＿＿＿＿＿＿＿　　校核者＿＿＿＿＿＿＿

试样编号	比重瓶号	温度(℃)	液体比重	比重瓶质量(g)	瓶、干土总质量(g)	干土质量(g)	瓶、液总质量(g)	瓶、液、土总质量(g)	与干土同体积的液体质量(g)	比重	平均值

第五章　界限含水率试验

一、试验目的

黏性土的状态随着土中含水率的变化而变化。各种黏土均有一个处于塑性状态的含水率范围，界限含水率就是这个范围的度量值。对工程来说，具有实用意义的是液限、塑限和缩限。液限是细粒土呈可塑状态的上限含水率；塑限是细粒土呈可塑状态的下限含水率；缩限是细粒土从半固体状态继续蒸发水分过渡到固体状态时体积不再收缩的界限含水率。含水率低于缩限，水分蒸发时体积不再缩小。液限能较好地反映土的某些物理力学性质。区分塑性和脆性的界限含水率定义为塑限。液限与塑限之间的差值为塑性指数，它是黏土塑性强弱的量度。

试验目的是测定细粒土的液限、塑限和缩限，划分土类、计算塑性指数，供设计、施工使用。

二、液限、塑限试验方法

测定液限的方法是碟式仪法和圆锥仪法；塑限的测定长期采用滚搓法，该法的最大缺点是人为因素影响大，测值比较分散，所得成果的再现性和可比性较差。现在建立了液限、塑限联合测定法。

(一)液限、塑限联合测定法

1.试验原理

液限、塑限联合测定法是根据圆锥仪的圆锥沉入深度与其相应的含水率在双对数坐标上具有线性关系的特性来进行的。利用圆锥质量为 76 g 的液塑限联合测定仪测得土在不同含水率时的圆锥沉入深度，并绘制其关系图，在图上即可查得圆锥下沉深度为 17 mm 时所对应的含水率即为液限，查得圆锥下沉深度为 2 mm 时所对应的含水率即为塑限。

2.仪器设备

光电式液塑限联合测定仪，主要由光学放大投影、圆锥仪、电磁控制圆锥吸放等部分组成。此外，还有试杯、天平、调土皿、调土刀、滴瓶、蒸馏水、凡士林等。

3.操作步骤

(1)原则上采用天然含水率的土样制备试样，但也允许采用风干土制备试样。

(2)当采用天然含水率的土样时，应剔除大于 0.5 mm 的颗粒，然后分别按接近液限、塑限和二者的中间状态含水率制备不同稠度的土膏，静置湿润，静置时间可视原含水率的大小而定。

(3)当采用风干土制备试样时，取过 0.5 mm 筛的代表性土样约 200 g，分成 3 份，分别放入 3 个调土皿中，加入不同数量的纯水，使分别达到接近液限、塑限和二者的中间状态的含水率，调成均匀土膏，然后放入密封的保湿缸中，静置 24 h。

(4)将调土皿中的土膏，用调土工具充分搅拌均匀，密实地填入试杯中，应使空气逸出，高出试杯口的余土，用调土刀刮平，随即将试杯放在升降底座上。

(5)取圆锥仪，在锥体上涂一薄层的凡士林(或润滑油脂)，接通电源，使电磁铁吸稳圆锥仪。

(6)调节升降座，待试杯上升至土面刚好与圆锥仪的锥尖相接触，接触指示灯亮时，调节屏幕准线，使初读数为零位刻度线，关断电流使磁铁失磁，圆锥仪在自重下沉入土中，经 5 s 测读圆锥沉入深度。然后，将试杯中的合格试样取出 2 个各 10 g 以上放入称量盒内，打开盒盖放在盒底，将试样同盒一起放入烘干箱内，在 105~110 ℃温度下烘到恒重，测定其含水率。烘干时间：粉质黏土及粉土需 6~8 h；黏土约需 10 h。

(7)按以上步骤分别测试其余 2 个试样的圆锥沉入深度及相应的含水率。

(8)根据圆锥沉入深度及相应的含水率在双对数坐标上绘制关系曲线，求得圆锥沉入深度为 17 mm 及 2 mm 时的相应含水率为液限和塑限。

4.成果整理

含水率按下式计算

$$\omega=\left(\frac{m}{m_{\rm d}}-1\right)\times 100\% \tag{5-1}$$

式中　ω——含水率，%；

m——湿土质量，g；

$m_{\rm d}$——干土质量，g。

塑性指数和液性指数计算按下两式：

$$I_{\rm p}=\omega_{\rm L}-\omega_{\rm p} \tag{5-2}$$

$$I_{\rm L}=\frac{\omega-\omega_{\rm p}}{I_{\rm p}} \tag{5-3}$$

式中　$I_{\rm p}$——塑性指数；

$\omega_{\rm L}$——液限，%；

$\omega_{\rm p}$——塑限，%；

ω——天然含水率，%；

$I_{\rm L}$——液性指数。

以含水率为横坐标，圆锥下沉深度为纵坐标，在双对数坐标系内绘制关系曲线。三点连一直线，当三点不在一条直线上，通过高含水率的一点与其余两点连成两条直线，在圆锥下沉深度为 2 mm 处查得相应的含水率，当两个含水率的差值小于 2%时，应以该两点含水率的平均值与高含水率的点连成一线；当两个含水率的差值大于或等于 2%时，应补做试验。

在圆锥下沉深度与含水率关系图上，查得圆锥下沉深度为 17 mm 时所对应的含水率为液限；查得圆锥下沉深度为 2 mm 时所对应的含水率为塑限，以百分数表示，取整数。

(二)圆锥仪法

我国多采用锥式液限仪(见图 5-1)来测定黏性土的液限($\omega_{\rm L}$)。

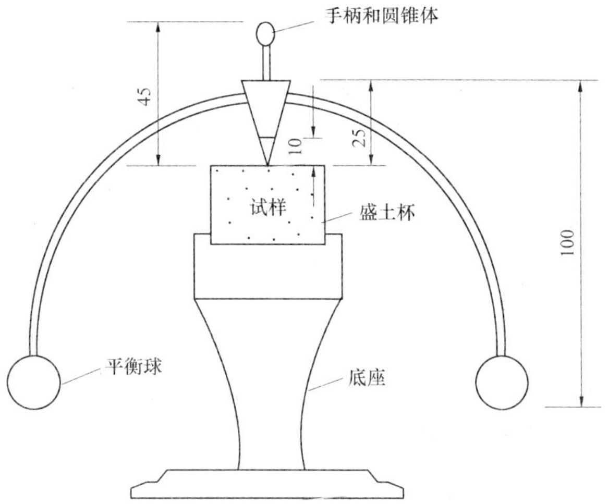

图 5-1　锥式液限仪

1.试验原理

将盛土杯置于底座上，将调成均匀的浓糊状土试样装满试杯，土面稍超出杯口，用调土刀刮平杯口表面，将重 76 g 的圆锥仪(锥尖涂有凡士林)的锥尖与试样表面的中心接触，使其在自重作用下沉入试样，若圆锥仪经 5 s 恰好沉入 10 mm 深度，这时杯内土样的含水率就是液限值ω_L。为了避免放锥时的人为影响，采用电磁放锥方法，可以提高测试精度，实践证明其效果较好。

2.仪器设备

圆锥仪、试杯、底座、天平、调土皿、调土刀、滴瓶、蒸馏水、凡士林等。

3.操作步骤

(1)原则上采用天然含水率的土制备试样，但也允许用风干土制备试样。

(2)当采用天然含水率的土样时，应剔除大于 0.5 mm 的颗粒，然后按接近液限制备土膏，静置湿润，静置时间可视原含水率的大小而定。

(3)当采用风干土样试验时，取过 0.5 mm 筛的代表性土样约 200 g，加入纯水，使其达到接近液限含水率，调成均匀土膏，然后放入密封的保湿缸中，静置 24 h。

(4)将调土皿中的土膏，用调土刀充分搅拌均匀，密实地填入试杯中，应使空气逸出，高出试杯口的余土，用调土刀刮平，随即将试杯放在底座上。

(5)取圆锥仪，在锥体上涂一薄层凡士林(或润滑油脂)，将圆锥仪的锥尖刚好与土面中心相接触。

(6)释放圆锥仪，圆锥仪在自重下沉入土中，经 5 s 测读圆锥沉入深度 10 mm。然后，将试杯中的合格试样取出 2 个各 15~30 g 分别放入称量盒内，打开盒盖放在盒底，将试样同盒一起放入烘干箱内，在 105~110 ℃温度下烘到恒重，测定其含水率，此含水率即为液限。

烘干时间：粉质黏土及粉土需 6~8 h；黏土约需 10 h。

4.成果整理

液限计算按式(5-1)计算。

(三)滚搓法塑限试验

1.试验原理

采用细粒土滚搓土条，若土条同时满足：①土条直径 3 mm；②土条为实心状态；③土条表面出现致密裂纹并开始断裂等条件，此时该土条的含水量即为土试样的塑限。

2.试验仪器设备

毛玻璃板(约 200 mm × 200 mm)、缝隙 3 mm 的模板或直径 3 mm 的金属丝或卡尺、天平、烘箱、干燥器、称量盒、筛(孔径 0.5 mm)等。

3.操作步骤

(1)取过 0.5 mm 筛的代表性试样约 100 g，加纯水拌和，浸润静置过夜。为使试验前试样的含水率接近塑限，可将试样在手中捏揉至不粘手，或用吹风机稍微吹干，然后将试样捏扁，如出现裂缝，表示含水率已接近塑限。

(2)取接近塑限的试样一小块，先用手捏成橄榄形，然后再用手掌在毛玻璃板上轻轻搓滚。搓滚时手掌均匀施加压力于土条上，不得使土条在毛玻璃板上无力滚动。土条长度不宜超过手掌宽度。在任何情况下，土条不得产生中空现象。

(3)当土条搓成直径 3 mm 时，产生裂缝，并开始断裂，表示土条的含水率达到塑限。若不产生裂纹及断裂，表示土条的含水率高于塑限；当土条直径大于 3 mm 时即断裂，表示土条的含水率小于塑限，应弃去，重新取土试验。若土条在任何含水率下始终搓不到 3 mm 即开始断裂，则该土无塑性。

(4)搓滚 2 份符合要求的土条各 3 ~ 5 g，分别放入称量盒内，随即盖紧盒盖，称湿土和盒的质量，打开盒盖旋在盒底，将试样同盒一起放入烘干箱内，在 105~110℃温度下烘干到恒量，测定含水率，在符合误差要求时，其平均含水率即为塑限。

4.成果整理

塑限计算按式(5-1)计算。

三、界限含水率成果的应用

从含水率的测定得到的液限、塑限以及由此求出的塑性指数、液性指数以及缩限等在工程中均得到广泛的应用。许多研究者提出了鉴别土的物理状态的各含水率指标标准及指标间的相互关系。

用于土的工程分类，液限、塑限对细粒土的鉴别和分类提供了非常有用的资料，我国《建筑地基基础设计规范》(GB 50007—2002)按塑性指数将细粒土分为：$I_P \geq 17$ 黏土；$10 \leq I_P < 17$ 粉质黏土。目前对细粒土分类采用既考虑塑性指数，又考虑土的液限大小，比单用塑性指数更为合理。

思考题

1.什么是液限、塑限、塑性指数和液性指数？

2.界限含水率试验适用于什么土？

3.请简述液限、塑限联合测定法的全过程。

液限、塑限联合试验

工程名称________________　试验者________________
土样说明________________　计算者________________
试验日期________________　校核者________________

试样编号			
圆锥入土深度(mm)			
盒号			
盒质量(g)			
盒+湿土质量(g)			
盒+干土质量(g)			
湿土质量(g)			
干土质量(g)			
水质量(g)			
含水率(%)			
液限(%)			
塑限(%)			
塑性指数(%)			
土样分类			

液限试验(圆锥仪法)

土样编号________________　试验者________________
仪器编号________________　计算者________________
试验日期________________　校核者________________

土样编号	盒号	湿土质量(g)	干土质量(g)	含水率(%)	液限(%)

塑限试验(滚搓法)

土样编号________________　试验者________________
仪器编号________________　计算者________________
试验日期________________　校核者________________

土样编号	盒号	湿土质量(g)	干土质量(g)	含水率(%)	塑限(%)

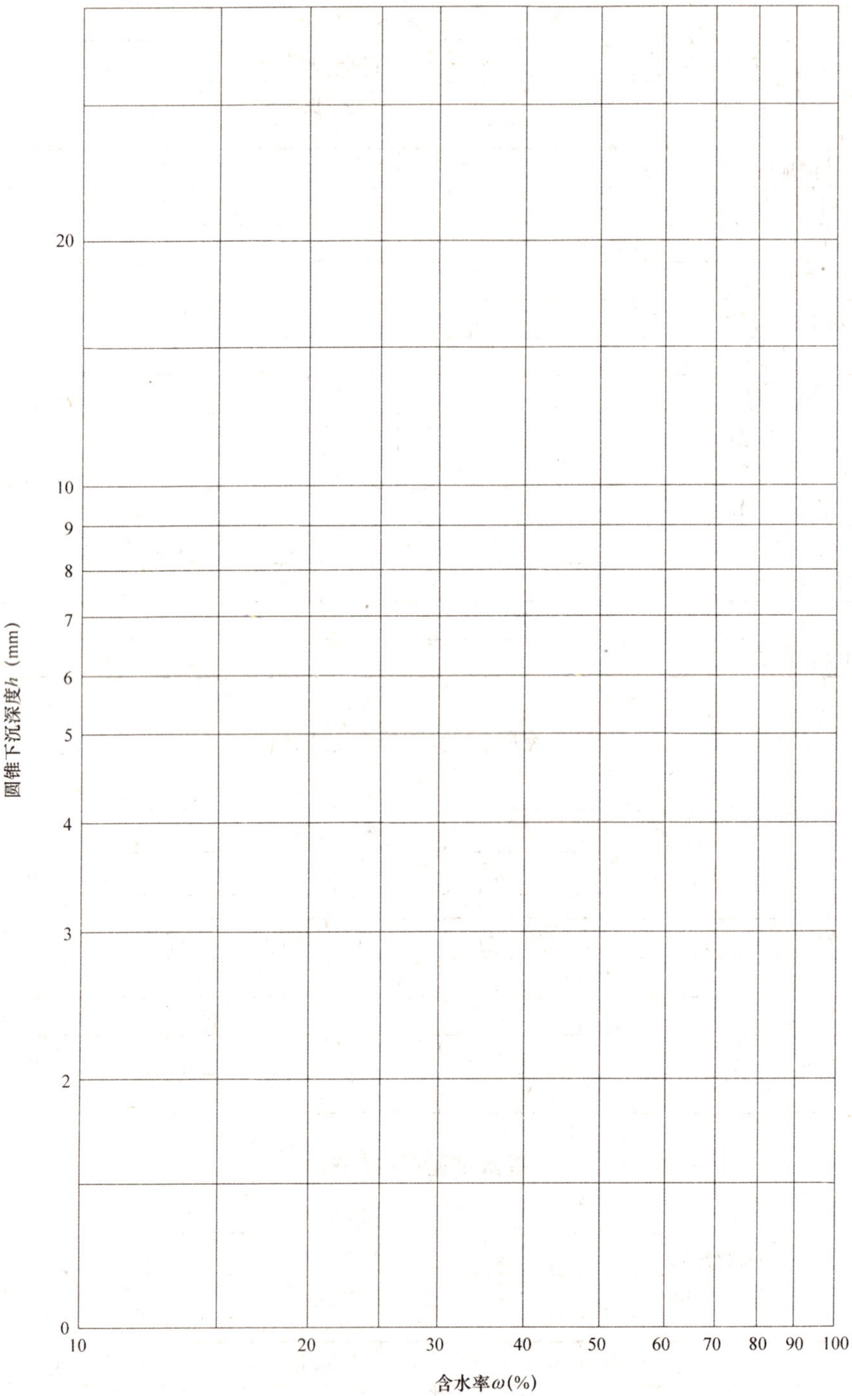

圆锥下沉深度与含水率关系曲线

第六章　砂土的相对密度试验

一、试验目的

相对密度是无黏性土处于最松状态的孔隙比与天然状态孔隙比之差和最松状态孔隙比与最紧密状态的孔隙比之差的比值。

判断土的密实程度，最简便的方法是根据孔隙比的大小来进行对比。但是，由于砂土的颗粒形状和级配不同，其孔隙比有很大的变化，故直接采用天然状态下砂土的孔隙比不能考虑其颗粒形状和级配对松密状态的影响。为此，用土处于最松与最密状态的孔隙比相比较，来判别天然状态下砂土的密实度就比较合理。因而常用相对密实度 D_r(简称相对密度)来判别砂土的密实度。

工程上判别砂土的松密标准如下：$D_r<0.33$ 时，砂土是疏松的；$D_r=0.33\sim0.67$ 时，砂土是中密的；$D_r>0.67$ 时，砂土是密实的。

本试验的目的是测定砂土的最小干密度和最大干密度，求出最大孔隙比和最小孔隙比，用于计算无黏性土的相对密实度(D_r)，判别天然状态下砂土的密实度，判断砂土所处的物理状态，为土工建筑设计、施工、质量控制等提供依据。

二、试验方法及试验原理

最小干密度试验常采用漏斗法和量筒倒转法，最大干密度试验常采用振动锤击联合法。

本试验方法适用于粒径大于 5 mm，且粒径为 2 ~ 5 mm 的试样质量不大于试样总质量的 15%的土。

通过试验测定试样的干质量(m_d)、最大体积(V_{max})和最小体积(V_{min})，按式(6-1)、式(6-2)计算出砂土的最小干密度(ρ_{dmin})和最大孔隙比(e_{max})。

$$\rho_{d\min}=\frac{m_d}{V_{max}} \tag{6-1}$$

$$e_{max}=\frac{\rho_w\cdot G_s}{\rho_{d\min}}-1 \tag{6-2}$$

式中　ρ_{dmin}——试样的最小干密度，g/cm^3；

e_{max}——试样的最大孔隙比；

m_d——试样干质量，g；

V_{max}——试样的最大体积，cm^3；

ρ_w——水的密度，g/cm^3；

G_s——试样的比重。

再按式(6-3)、式(6-4)计算出砂土的最大干密度(ρ_{dmax})和最小孔隙比(e_{min})。

$$\rho_{d\max} = \frac{m_d}{V_{\min}} \tag{6-3}$$

$$e_{\min} = \frac{\rho_w \cdot G_s}{\rho_{d\max}} - 1 \tag{6-4}$$

式中　$\rho_{d\max}$——试样的最大干密度，g/cm^3；

$e_{\min}$——试样的最小孔隙比；

$V_{\min}$——试样的最小体积，cm^3；

其他符号意义同前。

最后，按式(6-5)或式(6-6)计算砂土的相对密实度

$$D_r = \frac{e_{\max} - e_0}{e_{\max} - e_{\min}} \tag{6-5}$$

或

$$D_r = \frac{\rho_{d\max}(\rho_d - \rho_{d\min})}{\rho_d(\rho_{d\max} - \rho_{d\min})} \tag{6-6}$$

式中　e_0——试样天然孔隙比；

D_r——试样相对密度；

ρ_d——要求的干密度(或天然干密度)，g/cm^3；

其他符号意义同前。

三、砂土的最小干密度试验

(一)试验仪器

砂的最小干密度试验采用的试验仪器有量筒(容积为 500 mL 及 1 000 mL 两种，后者内径大于 6 cm)、长颈漏斗(颈管内径约 1.2 cm，颈口磨平，如图 6-1 所示)、锥形塞(直径约 1.5 cm 的圆锥体镶于铁杆上)、砂面拂平器(十字形金属平面焊接在铜杆下端，如图 6-1 所示)、天平(称量 1 000 g，分度值 1 g)。

(二)操作步骤

1.砂土最小干密度测定

(1)取代表性的烘干或充分风干试样约 1.5 kg，用手搓揉或用圆木棍在橡皮板上碾散，并拌和均匀。

(2)将锥形塞杆自漏斗下口穿入，并向上提起，使锥体堵住漏斗管口，一并放入体积 1 000 mL 量筒中，使其下端与筒底接触。

(3)称取试样 700 g，精确至 1 g，均匀倒入漏斗中，将漏斗与塞杆同时提高，下放塞杆使锥体略离开管口，管口应经常保持高出砂面 1 ~ 2 cm，使试样缓缓且均匀分布落入量筒中。

(4)试样全部落入量筒后，取出漏斗与锥形塞，用砂面拂平器将砂面拂平，勿使量筒振动，然后测读砂样体积，估读至 5 mL。

注：若试样中不含大于 2 mm 的颗粒时，可取试样 400 g 用 500 mL 的量筒进行试验。

(5)用手掌或橡皮板堵住量筒口，将量筒倒转，然后缓慢地转回原来位置。如此重复

几次，记下体积的最大值，估读至 5 mL。

(6)取上述两种方法测得的较大体积值，计算最小干密度。

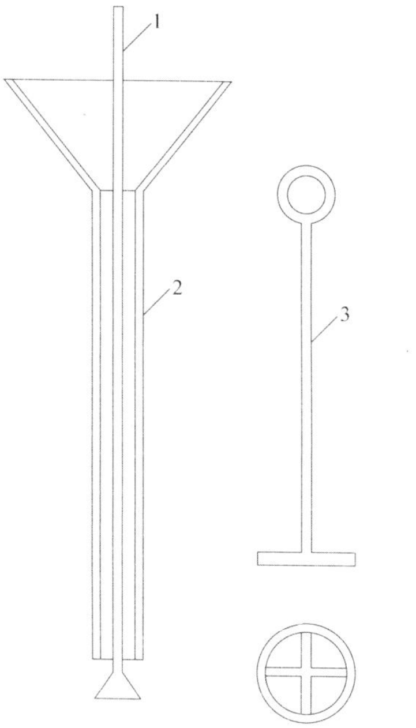

1—锥形塞；2—长颈漏斗；3—砂面拂平器

图 6-1　漏斗及拂平器

2.砂土最小孔隙比测定

(1)取代表性试样约 4 kg，放入称量盒内，立即盖好盒盖称量。称量时，可在天平一端放上等质量的称量盒或与盒等质量的砝码，称量结果即为湿土质量。

(2)将试样分 3 次倒入容器进行振击。先取试样 600～800 g(其数量应使振击后的体积略大于容器容积的 1/3)倒入 1 000 mL 容器内，用振动叉以 100～200 次/min 的速度敲打容器两侧，同时，用击锤在试样表面锤击 30～60 次/min，直至砂样体积不变为止(一般击 5～10 min)。如此重复，进行后 2 次的装样、振动和锤击。第 3 次装样时，应先在容器口上安装套环。

敲打时要用足够的力量使试样处于振动状态；锤击时，粗砂可用较少击数，细砂应用较多击数。

(3)最后一层试样振动、锤击完毕后，取下套环，用修土刀修平容器顶面多余试样，称容器内试样质量，准确至 1 g，并记录试样体积，计算其最小孔隙比。

(三)试验记录

砂的最大干密度记录格式见相对密度试验表。

(四)成果整理

按式(6-3)计算砂土的最大干密度。

按式(6-4)计算砂土的最小孔隙比。

按式(6-5)或式(6-6)计算试样的相对密度。

砂的最大干密度试验，需进行 2 次平行测定，取其算术平均值，其平行差值不得超过 0.03 g/cm^3。

四、试验中需注意的问题

(1)在砂土的最小干密度试验中，由于受漏斗管径的限制，较大的粗颗粒受到堵塞；而采用较大管径的漏斗，又不易控制砂土的缓慢流出，故本试验方法适用于粒径小于 5 mm 的砂土。

(2)用振动锤击联合法测定砂土的最大干密度时，需尽量避免由于振动功能不同而产生的人为误差，振击时，击锤应提高至规定高度并自由下落。在水平振击时，容器周围均有相等数量的振击点。

思考题

1.砂的最小干密度和最大干密度的定义是什么？

2.如何判别无黏性土所处的物理状态？

相对密度试验

工程名称____________　　试验者____________
土样说明____________　　计算者____________
试验日期____________　　校核者____________

试验项目	最小干密度		最大干密度		说明
试验方法	漏斗法		振击法		
试样加容器质量(g)					
容器质量(g)					
试样质量(g)					
试样体积(cm^3)					
干密度(g/cm^3)					
平均干密度(g/cm^3)					
比重 G_s					
孔隙比 e					
天然干密度(g/cm^3)					
天然孔隙比 e_0					
相对密度 D_r					

第七章　击实试验

一、试验目的

室内击实试验是为了确定扰动土在一定的击实功能下干密度随含水率变化的关系曲线，以求得土的最大干密度和最优含水率，了解土的压实特性，为工程设计和现场施工碾压提供土的压实性资料。

土的压实程度与含水率、压实功能和压实方法等有密切的关系，工程经验表明：欲将填土压实，必须使其水分降低到饱和度以下，要求土处于三相状态。因此，土的压实过程，既不是固结过程，也不同于一般压缩过程，而是一个土颗粒在不排水条件下的重新组构过程。

二、试验方法

该试验分为轻型击实法和重型击实法。轻型击实法适用于粒径不大于 5 mm 的黏性土；重型击实法适用于粒径不大于 20 mm 的土，若采用三层击实时，最大粒径不大于 40 mm。

轻型击实试验的单位击实功约为 592.2 kJ/m³，轻型击实试验分 3 层击实，每层 25 击。重型击实试验的单位击实功约为 2 684.9 kJ/m³，重型击实试验分 5 层击实，每层 56 击；若分 3 层击实，每层 94 击。

三、轻型击实法

(一)试验原理

土的压实程度与含水率、压实功能和压实方法有密切的关系。当压实功能和压实方法不变、含水率较低时，土的干密度随含水率增加而增加；当干密度达到某一最大值后，含水率继续增加则干密度逐渐减小，将土达到最大干密度时所对应的含水率，称为最优含水率(ω_{op})，该干密度值称为最大干密度(ρ_{dmax})。

击实试验就是利用标准化的击实装置，确定土的干密度与含水率间的关系曲线，即击实曲线，结合现场土密度的测定，得出填土的压实度。

(二)仪器设备

轻型击实仪(由击实筒、击实锤和护筒组成，击实锤质量 2.5 kg、落距 30.5 cm、击实筒容积 996.95 cm³，见图 7-1)、天平、台秤、推土器、烘干箱、喷水设备、碾土设备、盛土器、标准筛 5 mm、修土刀和保湿设备等。

(三)操作步骤

(1)试样制备。采用湿法制备试样，取天然含水率的代表性土样 20 kg 碾散，按要求过 5 mm 筛，将筛下土样拌均匀，分别风干或加水到所要求的不同含水率。

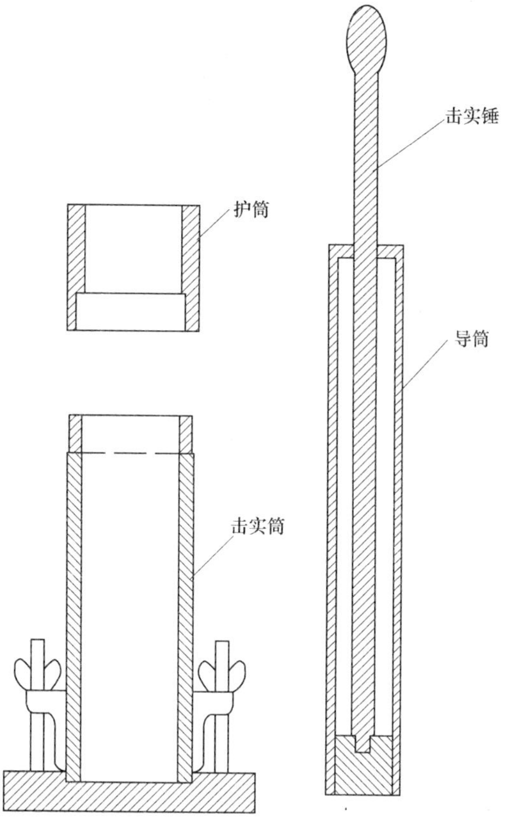

图 7-1　击实仪示意图

(2)为使试验结果更可靠，一般最少做 5 个含水率试样，含水率依次相差 2%，且其中至少有两个大于最优含水率及两个小于最优含水率。试样制备中，可按式(7-1)计算所需的加水量。制备试样时必须使土样中含水率分布均匀。

$$m_{w} = \frac{m_{w_0}}{(1+0.01\omega_0)} \times 0.01(\omega - \omega_0) \tag{7-1}$$

式中　m_w——所需的加水量，kg；

m_{w_0}——风干含水率时土样的质量，kg；

ω_0——土样的风干含水率，%；

ω——要求达到的含水率，%。

(3)将击实仪放在坚实的地面上，击实筒内壁和底板涂一薄层凡士林，连接好击实筒与底板，安装好护筒，检查仪器各部件及配套设备的性能是否正常，并做好记录。

(4)从制备好的一份试样中称取一定数量土料，分 3 层或 5 层倒入击实筒内并将土面整平，分层击实。对于 3 层击实的轻型击实法，每层土料的质量为 600~800 g(其量应使击实后试样的高度略高于击实筒的 1/3)，每层击打 25 击。如为手工击实，应保证使击实锤自由沿直线下落，锤击点必须均匀分布于土面上；如为机械击实，可将定数器拨到所需的击数处，按动电钮进行击实。击实后的每层试样高度应大致相等，两层交接面的土面应刨毛。击实完成后，超出击实筒顶的试样高度小于 6 mm。

(5)用修土刀沿护筒内壁削挖后，扭动并取下护筒，测出超高(应取多个测点值平均，准确至 0.1 mm)，沿击实筒顶细心修平试样，拆除底板。如试样底面超出筒外，亦应修平。

(6)用推土器从击实筒内推出试样，称量，准确至 1 g。从试样中心处取 2 个一定量土料(轻型为 15~20 g)平行测定土的含水率，称量准确至 0.01 g，含水率的平行误差不得超过 1%。一般不重复使用土样。

(四)成果整理

按下式计算击实后各试样的含水率

$$\omega=\left(\frac{m}{m_{\mathrm{d}}}-1\right)\times 100\ \% \tag{7-2}$$

式中　ω——含水率，%；

m——湿土质量，g；

m_{d}——干土质量，g。

按下式计算击实后各试样的干密度，计算至 0.01 g/cm^3。

$$\rho_{\mathrm{d}}=\frac{\rho}{1+0.01\omega} \tag{7-3}$$

式中　ρ_{d}——干密度，g/cm^3；

ρ——湿密度，g/cm^3；

ω——含水率，%。

以干密度为纵坐标、含水率为横坐标，绘制干密度与含水率的关系曲线。曲线上峰值点的纵、横坐标分别代表土的最大干密度和最优含水率，如果曲线不能给出峰值点，应进行补点试验。

四、试验中的几个问题

(1)试验用土一般采用风干土做试验，也有采用烘干土做试验的。试验证明：最大干密度以烘干土最大，用烘干土做试验得到的最优含水率比用风干土的小，而最大干密度则偏大，因此以风干土做试验较为合理。最优含水率也因制备方法不同而不同，以烘干土最低，这种现象黏土最明显，黏粒含量越高，烘干对最大干密度影响也越大，这显然是烘干影响了胶粒性质，故黏土不宜用烘干土备样。

(2)加水及浸润。加水方法有两种，即体积控制法和称重控制法，以称重控制法效果为好。洒水应均匀，浸润时间应符合有关规定。

(3)击实筒一般应放在混凝土地面上。

(4)应控制击实容器中的余土高度符合试验规定，否则试验无效。

(5)超尺寸颗粒应进行校正。

(6)在同一规定击实标准下，级配不均匀的土所得曲线较陡，土的密度大；级配均匀的土所得的曲线平缓，土的密度小。一般土的塑性指数愈高，其最大干密度愈小。

(7)两次平行试验最大干密度的差值应不超过 0.05 g/cm^3。

思考题

1.什么是最优含水率和最大干密度？

2.试验中层与层之间为什么要刨毛？

击实试验

工程编号______________　　土粒比重______________　　试验者______________

试样编号______________　　每层击数______________　　计算者______________

试验日期______________　　风干含水率____________　　校核者______________

试验序号	干密度				含水率							
	筒体积 (cm^3)	湿土质量 (g)	密度 (g/cm^3)	干密度 (g/cm^3)	盒号	盒质量 (g)	盒加湿土质量 (g)	盒加干土质量 (g)	湿土质量 (g)	干土质量 (g)	含水率 (%)	平均含水率 (%)
最大干密度:					饱和度:				校正后最大干密度:			
最优含水率:					大于 5 mm 颗粒含量:				校正后最优含水率:			

击实曲线图

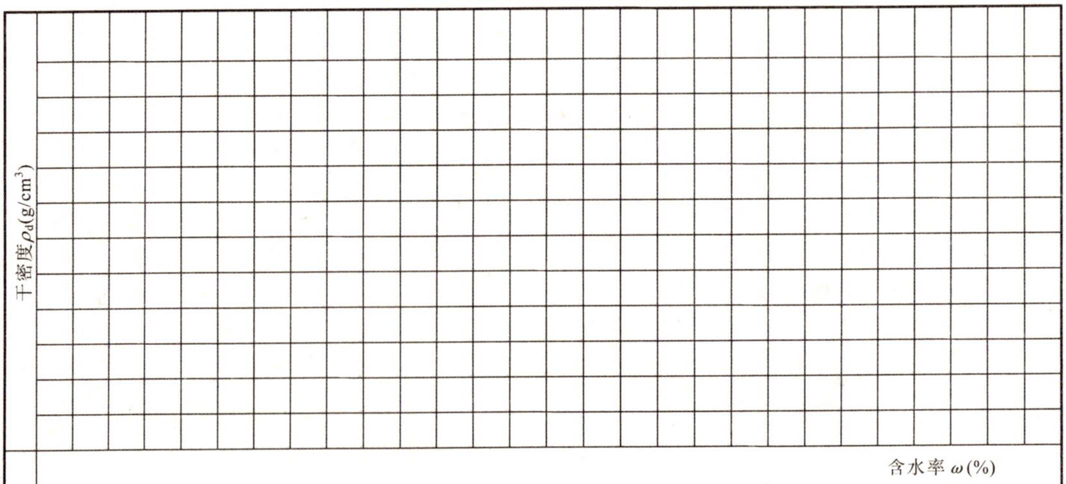

最大干密度__________g/cm^3　　　　最优含水率______________%

第八章　渗透试验

一、试验目的

渗透是水在多孔介质中流动的现象。土体为典型的多孔介质，水在土孔隙中流动的现象称为土的渗透性。若渗透水流在土孔隙中流速较小，呈层流状态流动，则满足达西定律：渗透速度 v 与水力梯度 i 成正比，即

$$v = Ki$$

或

$$v=q/A$$

式中　K——渗透系数，cm/s；

v——渗透流速，cm/s；

q——单位时间渗流量，cm^3/s；

A——垂直渗流方向的横截面面积，cm^2；

i——水力梯度，$i = h/L$；

h——水位差，cm；

L——渗径长度，cm。

渗透试验的目的就是测定土的渗透系数(K)，其值的大小反映土渗透性的强弱，是常用的一个力学计算指标，可作为划分土透水强弱的标准和选择坝体建筑土料的依据。如坝基土层按透水强弱划分时，可分为：①强透水层，渗透系数为 $10^{-2} \sim 10^{0}$ cm/s；②中等透水层，渗透系数为 $10^{-4} \sim 10^{-2}$ cm/s；③相对不透水层，渗透系数为 $10^{-6} \sim 10^{-4}$ cm/s。又如选择筑坝土料时，常将渗透系数较小的土(K 为 $10^{-5} \sim 10^{-6}$ cm/s)用于填筑坝体的防渗部位，而将渗透系数较大的土($K>10^{-3}$ cm/s)填筑在坝体的其他部位(坝壳)。《水利水电工程地质勘察规范》(GB 50287—99)中规定了土层渗透性分级，如表 8-1 所示。

表 8-1　岩土渗透性分级

渗透系数 (cm/s)	$K<10^{-6}$	$10^{-6}\leqslant K<10^{-5}$	$10^{-5}\leqslant K<10^{-4}$	$10^{-4}\leqslant K<10^{-2}$	$10^{-2}\leqslant K<10^{0}$	$K\geqslant 10^{0}$
渗透性等级	极微透水	微透水	弱透水	中等透水	强透水	极强透水

二、试验方法及试验原理

在室内测定土的渗透系数的仪器、方法很多，但根据土粒级配组成不同，可分为常水头法和变水头法两种。常水头试验适用于透水性较强的粗粒土($d>0.075$ mm)，如砾石和砂土等。变水头渗透试验适用于透水性较弱的细粒土($d<0.075$ mm)，如黏土、粉土等。

(一)常水头试验原理

常水头试验在整个试验过程中保持土试样两端水头为常数。试验简图如图 8-1 所示，

L 为试样厚度，A 为试样截面积，h 为常水头渗透仪中试样两端的水位差。这三者可在试验前直接测定。试验时用量水杯和秒表测出某时间间隔 t 内流过土样的总水量 Q，即可根据达西定律求出渗透系数 K。

根据达西定律

$$Q = qt = KiAt \tag{8-1}$$

得

$$K = \frac{QL}{Aht} \tag{8-2}$$

式中　K——渗透系数，cm/s；

Q——t 秒时段内总渗透水量，cm^3；

A——试样横截面面积，cm^2；

h——土试样两端的常水头差，cm；

L——渗径长度(即试样高度)，cm；

i——水力梯度，$i = h/L$。

(二)变水头试验原理

细粒土由于渗透系数很小，或者渗流流过土样的总水量很小，不易准确测定或者测定总水量的时间需要很长，受蒸发和温度变化影响的试验误差会逐渐变大，故必须采用变水头试验。所谓变水头试验就是在整个试验过程中，水头差随时间而变化，试验简图如图 8-2 所示。试验过程中，某任一时间 t 作用于土样的水头为 h，经过 dt 时间间隔，刻度管(截面积为 a)的水位降落 dh，则从时间 t 至 t+dt 时间间隔内流经土样的水量 dQ 为

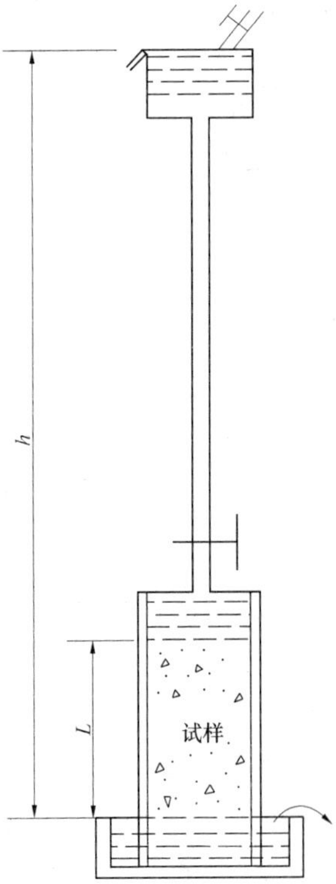

图 8-1　常水头试验装置示意图

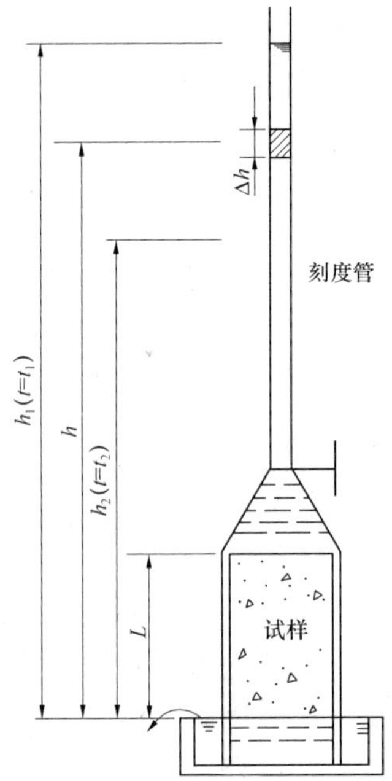

图 8-2　变水头试验装置示意图

$$dQ=-a\,dh$$

式中，负号表示水量 Q 随水头 h 的降低而增加。

同一时间内作用于试样的水力坡降 $i=h/L$，根据达西定律，其水量 dQ 应为

$$dQ=KiA\,dt=K\frac{h}{L}A\,dt$$

由式(8-1)、式(8-2)得到

$$dt=-\frac{aL\,dh}{KAh}$$

由于开始时($t=t_1$)的水头高度为 h_1，结束时($t=t_2$)的水头高度为 h_2，则通过积分得

$$K=2.3\frac{aL}{A(t_2-t_1)}\lg\left(\frac{h_1}{h_2}\right) \tag{8-3}$$

式中 a——刻度管截面面积，cm^2；

h_1——起始水头，cm；

h_2——经时间(t_2-t_1)后的水头，cm；

其他符号意义同前。

三、常水头试验

(一)试验仪器

常水头试验常采用 70 型渗透仪，如图 8-3 所示，由封底金属圆筒、金属孔板、滤网、测压管、供水瓶及量筒等组成。金属圆筒总高 40 cm、内径 9.44 cm(内截面面积 A=70 cm^2。当使用其他尺寸的圆筒时，圆筒内径应大于试样最大粒径的 10 倍)，金属透水板顶面到圆筒顶面高为 32 cm，三个测压管孔的相邻中心距 L=10 cm。玻璃测压管内径为 0.6 cm，分度值为 0.1 cm。天平称量 5 000 g，分度值 1.0 g。温度计分度值 0.5 ℃。另外，附属设备尚有木锤、秒表等。

(二)操作步骤

(1)按图 8-3 装好仪器，检查各管与试样筒接头处是否漏水。量测滤网至筒顶的高度，将调节管和供水管相连，从渗水孔向圆筒充水至水位达到金属透水板顶面时，放入滤纸，关止水夹。

(2)取具有代表性的风干土样 3 ~ 4 kg 称重，精确至 1 g，测定其风干含水率。将风干土样分层装入圆筒内，每层厚 2 ~ 3 cm，用木锤轻轻击实，使达到一定厚度，以控制其孔隙比。当试样中含黏粒时，应在滤网上铺 2 cm 厚的粗砂作为过滤层，防止细粒流失。每层试样装好后，微开止水夹，使试样逐渐饱和，至水面与试样顶面齐平，关止水夹。饱和时水流不应过急，以免冲动试样。

(3)依上述步骤逐层装样，并进行饱和，直至试样高出上测压孔 3 ~ 4 cm 为止，在试样顶面铺 2 cm 砾石作为缓冲层，待最后一层试样饱和后，继续使水位上升至水从溢水孔流出为止，关止水夹。

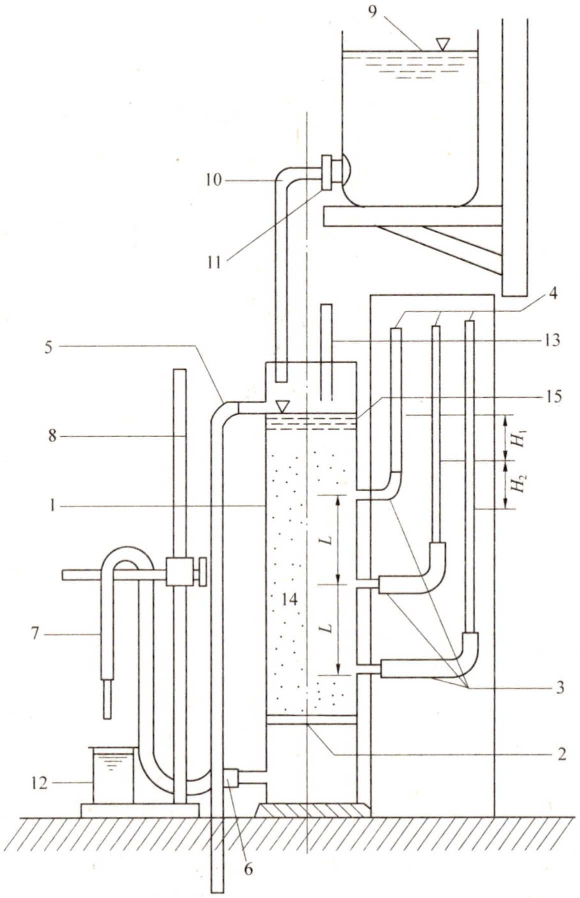

1—封底金属圆筒；2—金属孔板；3—测压管；4—玻璃测压管；5—溢水孔；6—渗水孔；7—调节管；8—滑动支架；9—容量为 5 600 mL 的供水瓶；10—供水管；11—止水夹；12—容量为 500 mL 的量筒；13—温度计；14—试样；15—砾石层

图 8-3　常水头渗透仪装置

(4)试样装好后，量测试样顶面至筒顶余高，计算出试样高度，称量剩余土样，精确至 1.0 g，计算装入试样的总质量。

(5)静置数分钟后，检查各测压管水位是否与溢水孔齐平，如不齐平，说明试样中或测压管接头处有集气阻隔，可用吸水球对准水位低的测压管口进行吸水排气，提高调节管使其高于溢水孔，然后将调节管与供水管分开，并将供水管置于装样筒内，开止水夹，使水由上部注入筒内。

(6)降低调节管至试样上部 1/3 高度处，形成水位差使水渗入试样并经调节管流出。调节供水管止水夹，使进入圆筒的水量多于溢出的水量，溢水孔始终有水溢出，保持圆筒内水位不变，一段时间以后，三个测压管水位达到稳定值，表明形成稳定渗流场。

(7)当测压管水位稳定后，测记水位，计算各测压管之间的水位差 h。记录三个测压管水位 H_1、H_2、H_3，则测压管Ⅰ和Ⅱ的水位差为 $h_1=H_1-H_2$，测压管Ⅱ和Ⅲ的水位差为 $h_2=H_2-H_3$。计算平均水位差 $H=\frac{h_1+h_2}{2}=\frac{H_1-H_3}{2}$(渗径长度 L=10 cm)。

(8)开动秒表，用量筒接取经过时间 t 的渗出水量 Q。接取渗出水量时，调节管口不得浸入水中，测量进水和出水处的水温 T(℃)，取其平均值。

(9)改变调节管的高度，达到渗透稳定，重复步骤(6)、(7)，测定渗出水量和水温，平行进行 5～6 次试验。

(10)按式(8-7)计算每次量测的水温 T(℃)时的渗透系数 K_T。

(11)将上述测定的 t、Q、h、L 等值代入式(8-2)，即可求得渗透系数 K 值。

(12)根据实际需要，改变试样的孔隙比(e)，继续试验。

(三)试验记录

常水头渗透试验记录格式见后文常水头渗透试验记录表。

(四)成果整理

(1)按下列公式计算试样的干密度ρ_d及孔隙比 e

$$m_d = \frac{m}{1+0.01\omega} \tag{8-4}$$

$$\rho_d = \frac{m_d}{Ah} \tag{8-5}$$

$$e = \frac{\rho_w G_s}{\rho_d} - 1 \tag{8-6}$$

式中 m_d——试样干质量，g；

m——风干试样总质量，g；

ω——风干含水率，%；

ρ_d——试样干密度，g/cm^3；

A——试样断面面积，cm^2；

h——试样高度，cm；

e——试样孔隙比；

G_s——土粒比重。

(2)按下列公式计算渗透系数 K_T 及 K_{20}

$$K_T = \frac{QL}{AHt} \tag{8-7}$$

$$K_{20} = K_T \frac{\eta_T}{\eta_{20}} \tag{8-8}$$

式中 K_T——水温为 T ℃时试样的渗透系数，cm/s；

Q——时间 t 秒内的渗出水量，cm^3；

L——两测压管中心间的距离，cm；

A——试样的断面面积，cm^2；

H——平均水位差，cm；

t——时间，s；

K_{20}——标准温度(20 ℃)时试样的渗透系数，cm/s；

η_T——T ℃时水的动力黏滞系数，(10^{-6})kPa·s；

η_{20}——20 ℃时水的动力黏滞系数，(10^{-6})kPa·s；

比值η_T/η_{20}与温度的关系，见表 8-2。

表 8-2　水的动力黏滞系数、黏滞系数比、温度校正系数

温度(℃)	动力黏滞系数 η $(10^{-6}$ kPa·s)	η_T/η_{20}	温度校正系数 T_D	温度(℃)	动力黏滞系数 η $(10^{-6}$ kPa·s)	η_T/η_{20}	温度校正系数 T_D
5.0	1.516	1.501	1.17	17.5	1.074	1.066	1.66
5.5	1.493	1.478	1.19	18.0	1.061	1.050	1.68
6.0	1.470	1.455	1.21	18.5	1.048	1.038	1.70
6.5	1.449	1.435	1.23	19.0	1.035	1.025	1.72
7.0	1.428	1.414	1.25	19.5	1.022	1.012	1.74
7.5	1.407	1.393	1.27	20.0	1.010	1.000	1.76
8.0	1.387	1.373	1.28	20.5	0.998	0.988	1.78
8.5	1.367	1.353	1.30	21.0	0.986	0.976	1.80
9.0	1.347	1.334	1.32	21.5	0.974	0.964	1.83
9.5	1.328	1.315	1.34	22.0	0.963	0.953	1.85
10.0	1.310	1.297	1.36	22.5	0.952	0.943	1.87
10.5	1.292	1.279	1.38	23.0	0.941	0.932	1.89
11.0	1.274	1.261	1.40	24.0	0.919	0.910	1.94
11.5	1.256	1.243	1.42	25.0	0.899	0.890	1.98
12.0	1.239	1.227	1.44	26.0	0.879	0.870	2.03
12.5	1.223	1.211	1.46	27.0	0.859	0.850	2.07
13.0	1.206	1.194	1.48	28.0	0.841	0.833	2.12
13.5	1.188	1.176	1.50	29.0	0.823	0.815	2.16
14.0	1.175	1.163	1.52	30.0	0.806	0.798	2.21
14.5	1.160	1.148	1.54	31.0	0.789	0.781	2.25
15.0	1.144	1.133	1.56	32.0	0.773	0.765	2.30
15.5	1.130	1.119	1.58	33.0	0.757	0.750	2.34
16.0	1.115	1.104	1.60	34.0	0.742	0.735	2.39
16.5	1.101	1.090	1.62	35.0	0.727	0.720	2.43
17.0	1.088	1.077	1.64				

四、变水头试验

(一)试验仪器

变水头试验常采用南–55 型渗透仪，其渗透容器如图 8-4 所示，由环刀、透水石(透水石的渗透系数应大于 10^{-3} cm/s)、套环、上盖和下盖等组成。变水头试验装置如图 8-5 所示，由渗透容器、变水头管、供水瓶、进水管等组成。试验装置图中测压管的内径应均匀，且不大于 1 cm，管外壁应有最小分度为 1.0 mm 的刻度，长度宜为 2 m 左右，测压管装在附有精确到 1.0 mm 刻尺的木板上。另外，附属设备尚有切土器、100 mL 量筒、秒表、温度计、削土刀、钢丝锯、凡士林等。

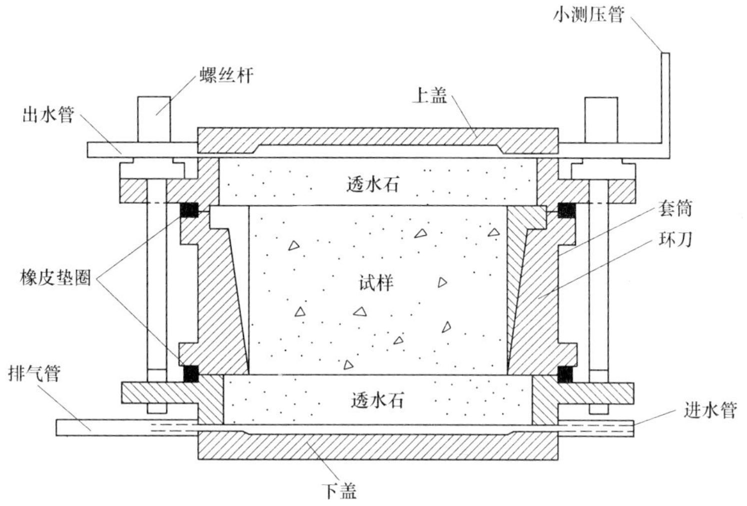

图 8-4 南–55 型渗透容器

(二)操作步骤

(1)根据需要，用环刀垂直或平行土样层面(视需测定垂直于或平行于土层层面而定)切取原状试样，或按给定密度制备击实试样，并进行充分饱和。对不易透水的试样，进行抽气饱和；对饱和试样和较易透水的试样，直接用变水头试验装置的水头进行试样饱和。

切取原状土的技术和仔细程度与试验成果的精度很有关系，为此，在切取土样时应尽量避免结构扰动。宜先整平土样的上下两面，在环刀内壁涂一薄层凡士林，置环刀于土样上，再用修土刀将土样修成截头圆台体，并使与环刀相接的圆台小头直径略大于环刀的内径；然后略加压力，将环刀平稳地垂直压下少许(切忌很快压入，应双手均匀加压，并保持试样与环刀密合)；再将环刀以下的土样侧面削去一层，使与环刀刃口相接处的土样直径仍只略大于环刀内径；如此边压边修，直到试样突出环刀为止。最后大致削去环刀两端余土，用长度大于环刀直径的削土刀(或钢丝锯)从环刀半圆处分别向两边慢慢地削去突出的多余土样，直至两端平整为止。在削去表面余土过程中不要用削土刀反复涂抹试样表面，以免土样表面的孔隙被堵塞或试样遭受压缩，影响试验成果。如修成的试样不符合要求，应重新切取。

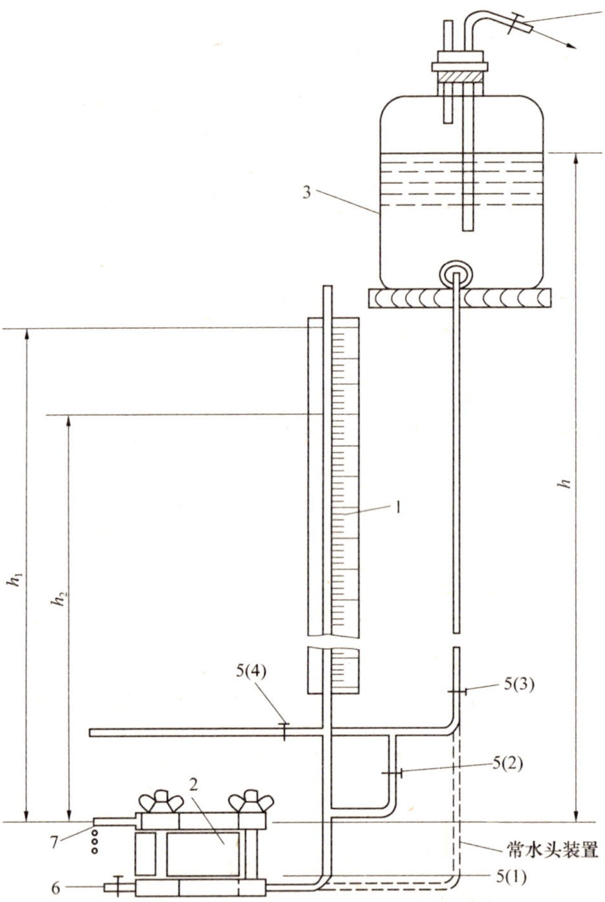

1—变水头管；2—渗透容器　；3—供水瓶；
4—接水源管；5—进水管夹；6—排气管；7—出水管

图 8-5　变水头试验装置

(2)将容器套筒内壁涂上一薄层凡士林，然后将装有试样的环刀推入套筒，并压入止水垫圈。刮去挤出的凡士林。装好带有透水石和垫圈的上下盖，并且用螺丝拧紧，避免漏气、漏水。将试样连同容器利用真空饱和法进行充分饱和。

(3)把装好试样的容器的进水口与供水源装置连通。关止水夹，使供水瓶注满水，直至供水瓶的排气孔有水溢出时为止。

(4)把容器侧立，排气管向上，并打开排气管管夹。然后打开止水夹及进水口管夹，排除容器底部的空气，直至水中无夹带气泡溢出为止。关闭排气管管夹，平放渗透容器。

(5)向变水头管注水，使水升至预定高度，待水位稳定后，打开进水夹，使水通过试样，当容器上盖出水管有水溢出时开始测记，同时测记起始水头 h_1。经过时间 t 后，再记终止水头 h_2(每次测定的水头差应大于 10 cm)，如此连续测记 2～3 次后，再使水头管水位回升至需要高度，并连续测记数次，前后需 6 次以上，试验终止。同时测记试验开始时与终止时的水温。

(三)试验记录

变水头渗透试验记录格式见后文变水头渗透试验记录表。

(四)成果整理

(1)按下式计算 T ℃时的渗透系数

$$K_T = 2.3\frac{aL}{At}\lg\left(\frac{h_1}{h_2}\right) \tag{8-9}$$

式中　a——刻度管截面面积，cm^2；

h_1——起始水头，cm；

h_2——经时间(t_2-t_1)后的水头，cm；

L——渗径长度(即试样高度)，cm；

其他符号意义同前。

(2)按式(8-8)计算水温 20 °C 时的渗透系数 K_{20}。

五、试验中需注意的问题

(1)试验用水应采用实际作用于土中的天然水，如有困难，允许用纯水或经过滤的清水。试验时的水温宜高于实验室温度 3 ~ 4 ℃。

(2)试验中有气泡或溶解于水的气泡再分离出来，堵塞土的孔隙，使测定的渗透系数小于完全饱和的土样，或渗透系数随试验历时逐渐减小，所以，为了使试样饱和，原则上试样中的气泡预先用水置换清除，试验时用无气水。对于粗料试样，如砾和粗砂等，由于渗流量大，若残存少量气泡，对试验结果影响不大。此时，采用水头饱和法就能达到较高的饱和度。对于细砂和粉土，应在试验前用抽气法或煮沸法脱气。对于黏土，常采用反压力饱和法。

(3)上述渗透系数 K 值是在某一水温 T °C 下求得的。同一种土，在不同的温度下，由于水的动力黏滞系数的不同而可以得到不同的渗透数值。工程上常用 10 ℃时的渗透系数 K_{10} 作为标准值。在某一温度 T ℃下所求得的渗透系数 K_T 按式(8-7)或式(8-9)进行换算。

(4)本试验以水温 20 ℃为标准温度，标准温度下的渗透系数按式(8-8)计算。

(5)根据计算的渗透系数，应取 3 ~ 4 个在允许差值范围内的数据的平均值，作为试样在该孔隙比 e 下的渗透系数(允许差值不大于 2×10^{-n} cm/s)。允许误差范围，当 $K_{10}=B\times10^{-11}$ 时，B 值最大与最小差值不大于 2。

(6)当进行不同孔隙比下的渗透试验时，可在半对数坐标上绘制以孔隙比 e 为纵坐标、渗透系数 K 为横坐标的 $e\sim K$ 关系曲线图，如图 8-6 所示。

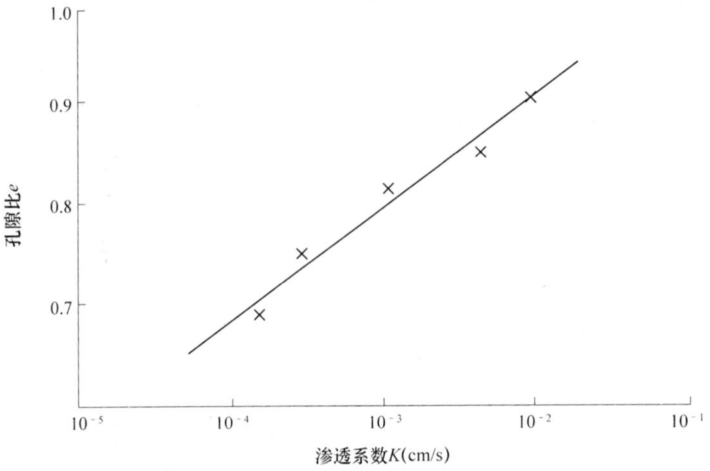

图 8-6　孔隙比 e 与渗透系数 K 关系曲线

思考题

1.影响土的渗透性的因素有哪些？它们是如何影响土的渗透性的？

2.常水头渗透试验和变水头渗透试验有哪些区别？各适用于什么土？

常水头渗透试验记录表

工程名称________　试样高度________　干土质量________　试验者________

土样编号________　试样面积________　土粒比重________　计算者________

仪器编号________　测压孔间距　10 cm　孔隙比________　校核者________

试样说明________　试验日期________

试验次数	经过时间 t(s)	测压管水位(cm)			水位差(cm)			水力坡降 J	渗透水量 Q (cm^3)	渗透系数 K_y (cm/s)	平均水温 (℃)	校正系数 η_T/η_{20}	水温 20 ℃渗透系数 K_{20} (cm/s)	平均渗透系数 K_{20} (cm/s)	说明
		Ⅰ管	Ⅱ管	Ⅲ管	H_1	H_2	平均 H								
	(1)	(2)	(3)	(4)	(5)	(6)	(7)	(8)	(9)	(10)	(11)	(12)	(13)	(14)	
					(2)−(3)	(3)−(4)	$\frac{(5)+(6)}{2}$	0.1×(7)		$\frac{(9)}{A\times(8)\times(1)}$			(10)×(12)	$\frac{\Sigma(13)}{n}$	

变水头渗透试验记录表

工程名称________ 土样说明________ 试样面积________ 土样编号________

测压管断面面积________ 孔隙比________ 仪器编号________ 试样高度________

试验日期________ 校核者________ 试验者________ 计算者________

开始时间 t_1 (d/ h/ min)	终了时间 t_2 (d/h/min)	经过时间 t(s)	开始水头 h_1(cm)	终了水头 h_2(cm)	$2.3\frac{aL}{At}$	$\lg\left(\frac{h_1}{h_2}\right)$	水温为 T ℃时的渗透系数 K_T (cm / s)	水温 (℃)	校正系数 η_T/η_{20} (cm/s)	渗透系数 K_{20} (cm/s)	平均渗透系数 K_{20} (cm/s)
(1)	(2)	(3)	(4)	(5)	(6)	(7)	(8)	(9)	(10)	(11)	(12)
		(2)−(1)			$2.3\frac{aL}{A(3)}$	$\lg\left(\frac{(4)}{(5)}\right)$	(6)×(7)			(8)×(10)	$\frac{\Sigma(11)}{n}$

第九章　土的单向固结试验

一、试验目的和要求

(1)通过本试验，绘制土样在单向压缩条件下的 $e \sim p$ 曲线及 $e \sim \lg p$ 曲线，确定土的压缩性指标，主要包括土的压缩系数(a_v)、压缩模量(E_s)及压缩指数(C_c)等，为估算建筑物沉降量及历经不同时间的固结度提供必备的计算参数。

(2)本试验中要求学生综合利用天然容重、含水量及比重等项目的测试方法，测定土样在各级压力作用下的压缩量，建立土样孔隙比(e)与压力(p)之间的关系，掌握土的压缩性与压缩性指标的确定方法。

(3)提高学生动手能力和分析解决问题的能力。

二、试验原理

(一)试验方法

土的室内压缩试验亦称固结试验，是研究土压缩性的最基本方法。

室内压缩试验采用的试验装置为压缩仪(见图 9-1)，其环刀内径通常有 6.18 cm 和 8 cm 两种，截面面积为 30 cm^2 和 50 cm^2，高度为 2 cm。

试验时将切有土样的环刀置于刚性护环中，由于金属环刀及刚性护环的限制，使得土样在竖向压力作用下只能发生竖向变形，而无侧向变形。在土样上下放置的透水石是土样受压后排出孔隙水的两个界面。压缩过程中竖向压力通过刚性板施加给土样，土样产生的压缩量可通过百分表量测。常规压缩试验通过逐级加荷进行试验，常用的分级加荷量 p 为 50 kPa、100 kPa、200 kPa、300 kPa、400 kPa。

图 9-1　压缩仪

(二)压缩曲线

设土样的初始高度为 H_0，如图 9-2 所示，在荷载 p 作用下土样稳定后的总压缩量为 ΔH，土样在整个压缩过程中土粒体积和截面积不变，固体颗粒高度不变。假设土粒体积 V_s=1(不变)，根据土孔隙比的定义，受压前后土孔隙体积 V_v 分别为 e_0 和 e，根据荷载作用下土样压缩稳定后总压缩量 ΔH，可求出相应的孔隙比 e,其计算公式为

$$\frac{H_0}{1+e_0}=\frac{H_1}{1+e}\Rightarrow\frac{H_0}{1+e_0}=\frac{H_0-\Delta H}{1+e}$$

$$\Rightarrow e=e_0-\frac{\Delta H}{H_0}\cdot(1+e_0) \tag{9-1}$$

式中　e_0——初始孔隙比，试验中只要测定出土样的比重(G_s)、含水量(ω_0)及天然密度(ρ_0)，根据三相图即可得

$$e_0=\frac{G_s\cdot(1+\omega_0)}{\rho_0}-1 \tag{9-2}$$

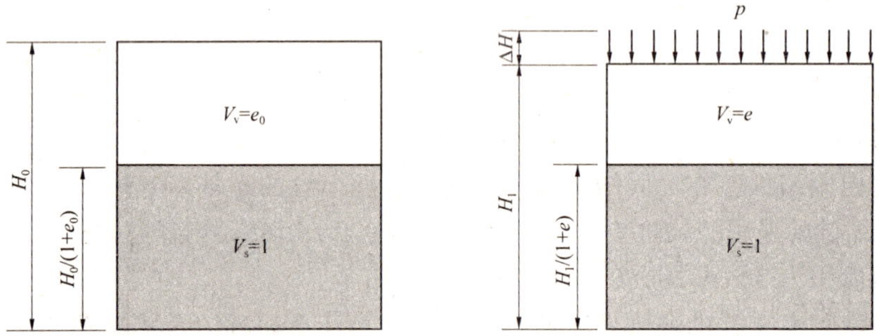

图 9-2　土样压缩前后的三相图

在得出各级荷载 p 所对应的 e 后，可绘制 $e\sim p$ 曲线及 $e\sim \lg p$ 曲线，见图 9-3、图 9-4。

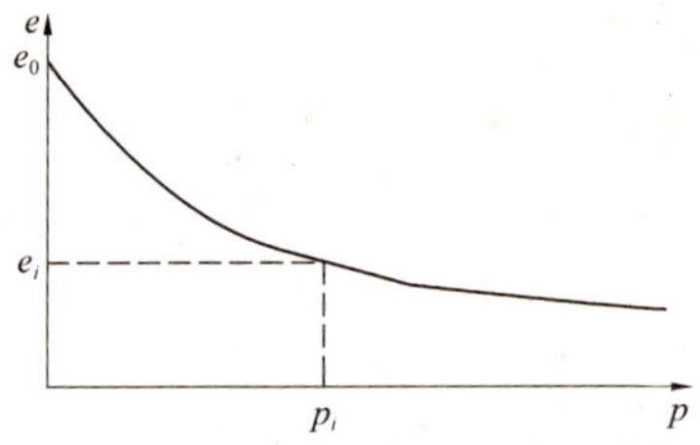

图 9-3　$e\sim p$ 曲线

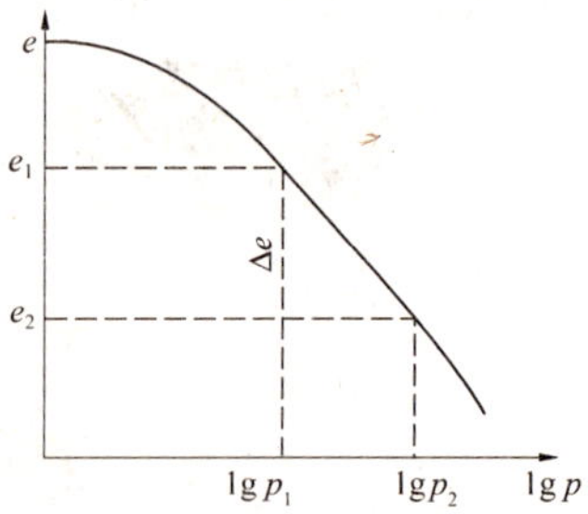

图 9-4　$e\sim \lg p$ 曲线

压缩性不同的土，$e\sim p$ 曲线形状不同，曲线愈陡，说明在相同压力增量作用下，土的孔隙比减少得愈显著，土的压缩性愈高。

采用半对数的直角坐标来绘制室内侧限压缩试验 $e\sim p$ 关系时，就得到了 $e\sim \lg p$ 曲线。在 $e\sim \lg p$ 曲线中可以看到，当压力较大时，$e\sim \lg p$ 曲线接近直线，这是这种表示方法区别于 $e\sim p$ 曲线的独特优点。

(三)压缩指标

1.压缩系数(a_v)

土体在侧限条件下孔隙比减少量与竖向压应力增量的比值称压缩系数。常利用单位压力增量所引起的孔隙比改变表征土的压缩性高低，在 $e\sim p$ 压缩曲线(见图 9-5)中，实际采用割线斜率表示土的压缩性。

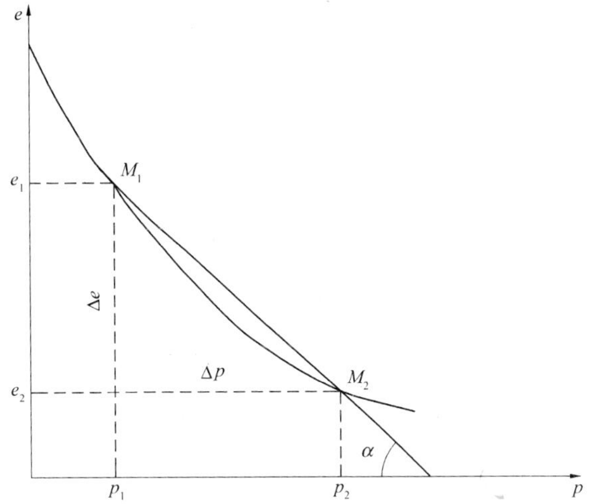

图 9-5　$e\sim p$ 曲线确定压缩系数

设压力由 p_1 增至 p_2，相应的孔隙比由 e_1 减小到 e_2，当压力变化范围不大时，可将 M_1M_2 一小段曲线用割线来代替，用割线 M_1M_2 的斜率来表示土在这一段压力范围的压缩性，即

$$a_v=\tan\alpha=\frac{\Delta e}{\Delta p}=\frac{e_1-e_2}{p_2-p_1} \tag{9-3}$$

式中　a_v——压缩系数，MPa^{-1}。

压缩系数愈大，土的压缩性愈高。

从图 9-5 中还可以看出，压缩系数(a_v)值与土所受的荷载大小有关。工程中一般采用 100 ~ 200 kPa 压力区间内对应的压缩系数 a_{1-2} 来评价土的压缩性。即

$a_{1-2}<0.1\ MPa^{-1}$	属低压缩性土
$0.1\ MPa^{-1}\leqslant a_{1-2}<0.5\ MPa^{-1}$	属中压缩性土
$a_{1-2}\geqslant 0.5\ MPa^{-1}$	属高压缩性土

2.压缩模量 E_s

土在完全侧限条件下竖向应力增量Δp 与相应的应变增量$\Delta\varepsilon$ 的比值，称为侧限压缩模量，简称压缩模量，用 E_s 表示，单位为 MPa。

$$E_s=\frac{\Delta p}{\Delta\varepsilon}=\frac{\Delta p}{\Delta H/H_1} \tag{9-4}$$

在无侧向变形条件下，即横截面面积不变时，根据土粒所占高度不变的条件，土样变形量ΔH 可用相应的孔隙比的变化$\Delta e=e_1-e_2$ 来表示

$$\frac{H_1}{1+e_1}=\frac{H_2}{1+e_2}=\frac{H_1-\Delta H}{1+e_2}$$

$$\Delta H=\frac{e_1-e_2}{1+e_1}\cdot H_1=\frac{\Delta e}{1+e_1}\cdot H_1 \tag{9-5}$$

由此还可导出压缩系数 a_v 与压缩模量 E_s 之间的关系

$$E_s=\frac{\Delta p}{\Delta H/H_1}=\frac{\Delta p}{\Delta e/(1+e_1)}=\frac{1+e_1}{a_v} \tag{9-6}$$

同压缩系数 a_v 一样，压缩模量 E_s 也不是常数，而是随着压力大小而变化。因此，在运用到沉降计算中时，应根据实际竖向应力的大小在压缩曲线上取相应的孔隙比计算这些指标。

3.压缩指数(C_c)

将 e~lg p 曲线直线段的斜率用 C_c 来表示，称为压缩指数，它是无量纲量。

$$C_c=\frac{e_1-e_2}{\lg p_2-\lg p_1}=\frac{e_1-e_2}{\lg\dfrac{p_2}{p_1}} \tag{9-7}$$

压缩指数(C_c)与压缩系数 a_v 不同，它在压力较大时为常数，不随压力变化而变化。C_c 值越大，土的压缩性越高，低压缩性土的 C_c 值一般小于 0.2，高压缩性土的 C_c 值一般大于 0.4。

4.回弹指数(C_e)

常规的压缩曲线是在试验中连续递增加压获得的，如果加压到某一值 p_i(相应于图 9-6 中曲线上的 b 点)后不再加压，而是逐级进行卸载直至零，并且测得各卸载等级下土样回弹稳定后土样高度，进而换算得到相应的孔隙比，即可绘制出卸载阶段的关系曲线，如图 9-6 中 bc 曲线所示，称为回弹曲线(或膨胀曲线)。可以看到不同于一般的弹性材料的是，回弹曲线不和初始加载的曲线 ab 重合，卸载至零时，土样的孔隙比没有恢复到初始压力为零时的孔隙比 e_0。这就显示了土残留了一部分压缩变形，称之为残余变形，但也恢复了一部分压缩变形，称之为弹性变形。若接着重新逐级加压，则可测得土样在各级荷载作用下再压缩稳定后的孔隙比，相应地可绘制出再压缩曲线，如图 9-6 中 cdf 曲线所示。可以发现其中 df 段像是 ab 段的延续，犹如其间没有经过卸载和再压的过程一样。

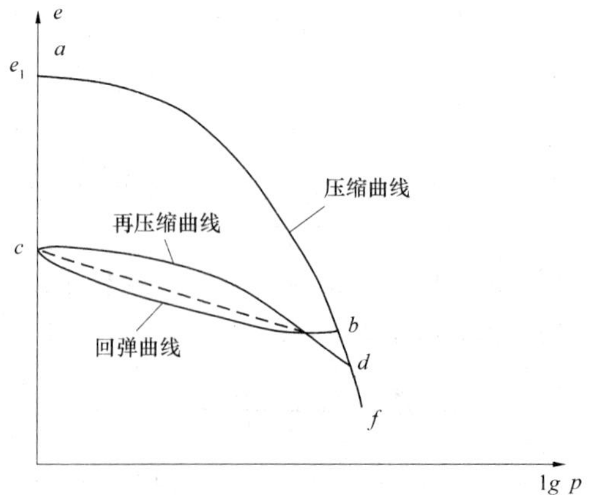

图 9-6　土的回弹—再压缩曲线

卸载段和再压缩段的平均斜率称为回弹指数或再压缩指数(C_e)。通常(C_e)远小于C_c，一般黏性土的$C_e \approx (0.1 \sim 0.2)C_c$。

三、试验仪器设备

试验装置如图 9-7 所示，图 9-8 为固结仪示意图，图 9-9 为试验仪器照片。

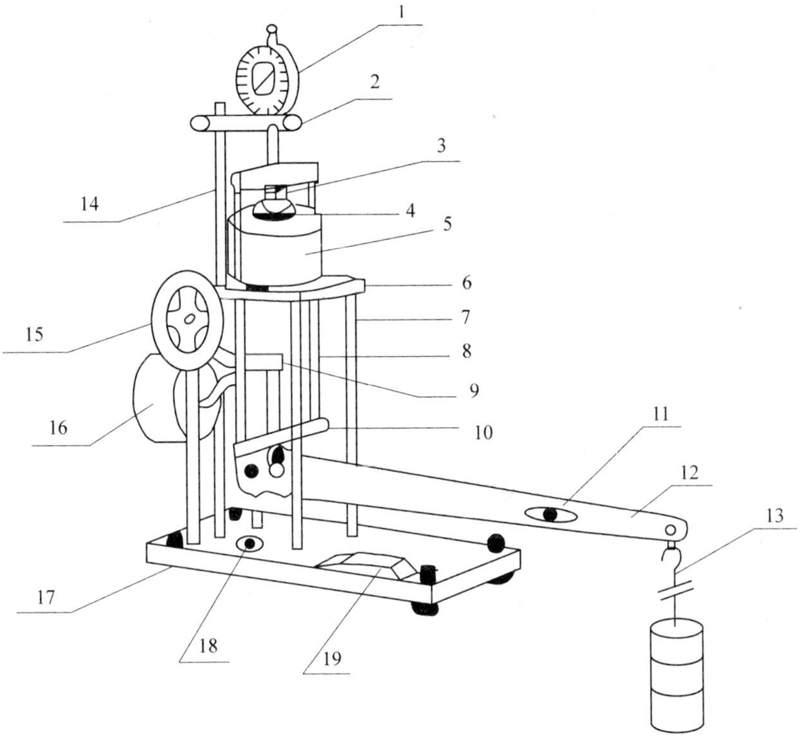

1—百分表；2—表夹；3—钢珠；4—传压板；5—容器；6—容器底板；7—立柱；8—拉杆；9—牙箱；10—升降杆；11—长水泡；12—横杆；13—加压吊钩；14—表夹杆；15—手轮；16—平衡锤；17—底座；18—圆水泡；19—平衡锤固定夹

图 9-7　试验装置示意图

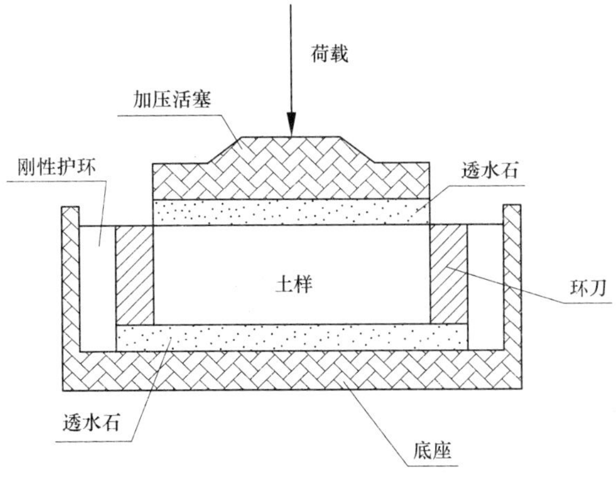

图 9-8　固结仪示意图

图 9-9　试验仪器照片

四、试验方法与步骤

(1)取原状土或取按工程需要制配的扰动土样，整平其两端后，将环刀内壁涂一薄层凡士林，刀口放在土样上(注：用环刀切取钻探取得的保持天然结构的原状土样，由于地基沉降主要与土竖直方向的压缩性有关，且土是各向异性的，所以切土方向应与土天然状态时的垂直方向一致)。

(2)用削土刀将土样上部削成略大于环刀口径之土柱，然后将环刀垂直下压，边压边削至土样伸出环刀为止，削去两端余土使与环刀口面平齐。在修削土样时要避免往复涂刮，防止扰动土样而影响成果的精确性。

(3)擦净粘在环刀上的土屑。称环刀与土的合重(精确至 0.1 g)，测定土样在试验前的容重(ρ_0)，同时取环刀四边修削下来的土样重约 10 g 装入称量盒，称得称量盒与土的合重后，再放入烘箱烘至恒重，再称质量，以测得试验前土样的初始含水量(ω_0)(进行两次平行测定，取其平均值)。

(4)先在压缩仪底部的透水石上加一层湿润的滤纸，再将土样连同环刀一起推入压缩仪内，套上导环，然后在土样顶面再放一湿润的滤纸；继而加上透水石，再放上传压板和钢珠，最后将压缩仪放置到容器的底板上。

(5)将压缩仪放置到容器的底板以后，适当移动并使传压板上的钢珠正好对中加压横梁。此时轻轻按下杠杆，使加压横梁正好与钢珠接触 (注意不要使其受力)，与此同时，将测微表(百分表)固定在表夹上，并使测微表上的短指针正好对准“5”字，施加 1.0 kPa 的预压荷重，使压缩仪各部接触密贴，再将测微表上的长针调整到零，至此，试验的准备工作已经就绪。

(6)去掉预压荷重立即加第一级荷重，由于试验中采用 1∶20 的杠杆施加荷载，各级荷载所加的砝码数列于表 9-1 中。加砝码时应避免冲击和摇晃，轻轻放上并同时开动秒表。

表 9-1　各级荷重需加砝码的个数(杠杆比 1：20)

每级荷载(kPa)	砝码名称(kg/个)	需加砝码数(个)	说明
50	0.125	2	(1)吊盘本身的自重为 0.25 kg，因此在加 0.25 kg 的砝码应扣除 1 个；(2)表中所列砝码数量均指累计数
	0.25	2	
100	0.125	2	
	0.25	3	
	0.50	1	
200	0.125	2	
	0.25	3	
	0.50	2	
	1.0	1	
400	0.125	2	
	0.25	3	
	0.50	4	
	1.0	3	

(7)根据实际需要，确定加荷级数及大小，通常是按 25 kPa、50 kPa、100 kPa、200 kPa、400 kPa…的顺序施加。每级荷重和稳定历时，其变化值不超过 0.005 mm。由于教学试验时间的限制，规定按四级荷重即 50 kPa、100 kPa、200 kPa、400 kPa 的顺序施加，每级荷重的施加历时为 10 min。因此，每加一级荷重经过 10 min 即记下测微表上的读数，然后再加下一级荷重，其余类推，一直到第四级荷重施加完毕，本次试验即告完成。

五、试验数据的整理与分析

(1)计算初始孔隙比(e_0)

$$e_0=\frac{G_s\cdot(1+\omega_0)\cdot\rho_w}{\rho_0}-1 \tag{9-8}$$

(2)计算各级压力下，压缩稳定时的孔隙比(e_i)

$$e_i=\frac{H_i}{H_0}(1+e_0)-1 \tag{9-9}$$

$$=e_0-(1+e_0)\times\frac{\Delta H_i}{H_0} \tag{9-10}$$

(3)计算某一压力范围内的压缩系数(a_v)、压缩模量(E_s)

$$a_v=\frac{e_i-e_{i+1}}{p_{i+1}-p_i} \tag{9-11}$$

$$E_s=\frac{1+e_0}{a_v} \tag{9-12}$$

式中　G_s——土粒比重；

ρ_0——试样的初始密度，g/cm^3；

H_0——试样初始高度，cm；

ω_0——初始含水量，%；

p_i——某级压力值，kPa 或 MPa；

e_i——某级压力 p_i 下的土样孔隙比；

H_i——某级压力 p_i 下压缩后土样高度，cm；

ΔH_i——某级压力 p_i 试样总压缩量，cm。

(4)以压力 p 或 $\lg p$ 为横坐标、孔隙比 e 为纵坐标，绘制 $e\sim p$ 曲线或 $e\sim \lg p$ 曲线。

(5)按卡萨格兰德(Cassagrande)方法求前期固结压力(p_c)及压缩指数(C_c)。

①在 $e\sim \lg p$ 曲线拐弯处找出曲率半径最小的点 A，过 A 点作水平线 $A1$ 和切线 $A3$，如图 9-10 所示。

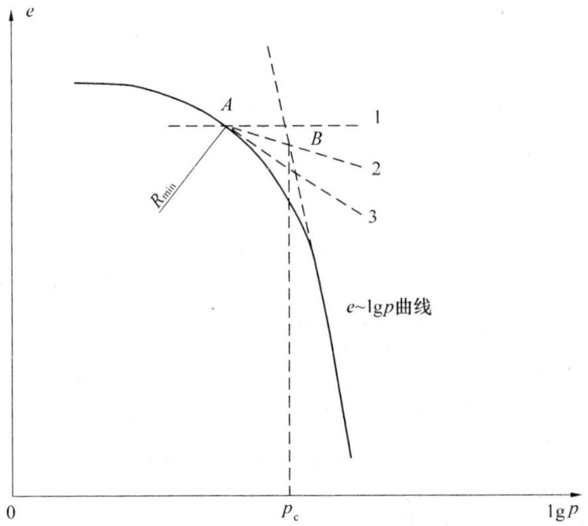

图 9-10　求 p_c 的卡萨格兰德经验作图法

②作∠1A3 的角平分线 $A2$，与 $e\sim \lg p$ 曲线直线段的延长线交于 B 点。

③B 点所对应的有效应力即为前期固结压力。

必须指出，采用这种简易的经验作图法，要求取土质量较高，绘制 $e\sim \lg p$ 曲线时还应注意选用合适的比例，否则，很难找到曲率半径最小的点 A，就不一定能得出可靠的结果。还应结合现场的调查资料综合分析确定。

(6)如进行卸荷试验，则在 $e\sim \lg p$ 曲线回弹支上求平均斜率 C_e(回弹指数)及再压缩支上的平均斜率 C_c(压缩指数)。

(7)确定固结系数 C_v。

以量表读数 R(试样变形)为纵坐标、时间平方根为横坐标绘制 $R\sim\sqrt{t}$ 曲线，如图 9-11 所示。延长 $R\sim\sqrt{t}$ 曲线开始段的直线，交纵坐标于 R_s(R_s 称理论零点)，过 R_s 作另一直线，令其横坐标为前一直线横坐标的 1.15 倍，则后一直线与 $R\sim\sqrt{t}$ 曲线交点所对应的时间的平方即为试样固结度达 90%所需的时间 t_{90}，固结系数按下式计算

$$C_v = \frac{0.848\left(\bar{h}\right)^2}{t_{90}} \tag{9-13}$$

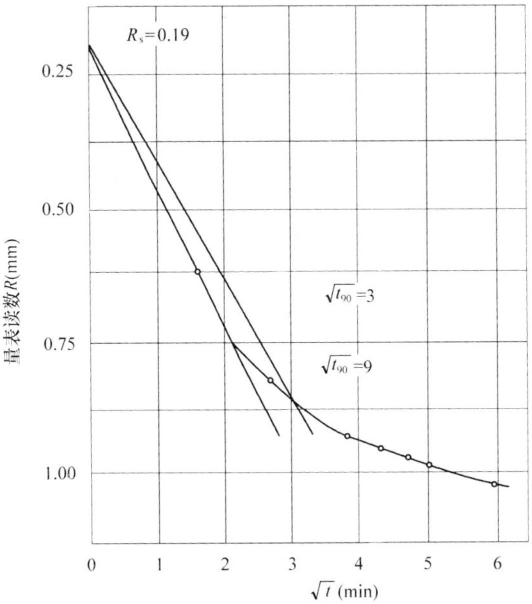

图 9-11　$R \sim \sqrt{t}$ 曲线图

式中　C_v——固结系数，cm^2/s；

$\bar{h}$——最大排水距离，等于某级压力下试样初始和终了高度的平均值的一半，cm；

t_{90}——固结度达 90%所需的时间，s。

六、仪器变形的校正

固结试验中，量表测得的总变量，并非试样的实际变形量，其中包括仪器变形量。在成果计算时，宜以试样的实际变形量计算，即实际变形量=实测变形量–仪器变形量。仪器变形的校正如下：

(1)以钢块代替土试样，按固结试验步骤装入容器内，间隔 10 min 逐级加荷至最大荷重后，再以 10 min 间隔逐级卸荷，至荷重卸完为止。测得各荷重下加荷与卸荷的变形读数。

(2)拆除容器，重新安装，再按上述步骤进行测试，取 2 ~ 3 次平均值作为各级荷重下的仪器变形量，平行试验差值不得超过 0.01 mm。

(3)绘制仪器变形量与压力的校正曲线。

七、试验成果整理及要求

试验成果列于单向固结试验成果表中，根据表中数据绘制 $e \sim p$ 曲线及 $e \sim \lg p$ 曲线，计算试验土样的压缩系数(a_v)、压缩模量(E_s)及压缩指数(C_c)等指标，评价该土样的压缩性。

思考题

1.试验中，在土样两端放入的滤纸为何要呈湿润状态?

2.为何有了压缩系数还要定义压缩模量?

3.为什么可以说土的压缩变形实际上是土的孔隙体积的减小?

单向固结试验成果表

<table>
<tr><td rowspan="3">经过时期(min)</td><td colspan="4">压力(kPa)</td><td colspan="2">仪器和试样的基本数据</td></tr>
<tr><td>50</td><td>100</td><td>200</td><td>400</td><td>土样开始高度 H_0(cm)</td><td></td></tr>
<tr><td>读数</td><td>读数</td><td>读数</td><td>读数</td><td>土样面积 F(cm^2)</td><td></td></tr>
<tr><td>0</td><td></td><td></td><td></td><td></td><td>土样体积(cm^3)</td><td></td></tr>
<tr><td>10</td><td></td><td></td><td></td><td></td><td>环刀质量(g)</td><td></td></tr>
<tr><td>试样总变形量(mm)</td><td></td><td></td><td></td><td></td><td>环刀加土重(g)</td><td></td></tr>
<tr><td>仪器变形量(mm)</td><td></td><td></td><td></td><td></td><td>天然密度 ρ_0 (g/cm^3)</td><td></td></tr>
<tr><td rowspan="2">总变形量(mm)</td><td rowspan="2"></td><td rowspan="2"></td><td rowspan="2"></td><td rowspan="2"></td><td>含水量 ω_0 (%)</td><td></td></tr>
<tr><td>比重 G_s</td><td></td></tr>
<tr><td colspan="5">试样原始高度 H_0=　　　　(mm)
土粒净高 $h_s=\dfrac{H_0}{1+e_0}$　　　　(mm)</td><td colspan="2">试验前孔隙比
$e_0=\dfrac{G_s(1+\omega_0)\cdot\rho_w}{\rho_0}-1$</td></tr>
</table>

压力(kPa)	试样总变形量(mm)	压缩后试样高度(mm)	孔隙比	孔隙比变化	压力变化(kPa)	压缩系数(kPa)	土的压缩性
P	$\sum\Delta H_i$	$H_i=H_0-\sum\Delta H_i$	$e_i=\dfrac{H_i-1}{h_s}$	$\Delta e=e_1-e_2$	$\Delta p=p_1-p_2$	$a_v=\dfrac{\Delta e}{\Delta p}$	
0							
50							
100							
200							
400							

第十章　直接剪切试验

一、试验目的

直接剪切试验是测定土的抗剪强度的一种常用方法。通常采用 4 个试样，分别在不同的垂直压力作用下，施加水平剪切力进行剪切，求得破坏时的剪应力，然后根据库仑定律确定土的抗剪强度参数内摩擦角和黏聚力。

二、试验方法

本试验适用于测定细粒土的抗剪强度参数 c 和 φ 及土颗粒的粒径小于 2 mm 的砂土的抗剪强度参数 φ。直接剪切试验分为快剪、固结快剪、慢剪 3 种方法。

(一)试验原理(快剪法)

直接剪切试验采用 4 个试样，用不同的法向应力 σ_i 作用于竖直方向，剪切时得到不同抗剪强度 τ_{fi}，将 4 组(σ_i，τ_{fi})置于直角坐标系中，用最小二乘法作直线，称做库仑强度线。强度线在纵坐标上的截距为黏聚力 c，强度线与水平线的夹角为内摩擦角 φ。

快剪试验是在试样上施加垂直压力后立即快速施加水平剪切力，以 0.8 ~ 1.2 mm/min 的速率剪切，一般使试样在 3 ~ 5 min 内剪破。

(二)仪器设备

应变控制式直接剪切仪(见图 10-1)、百分表、环刀、推土器等。

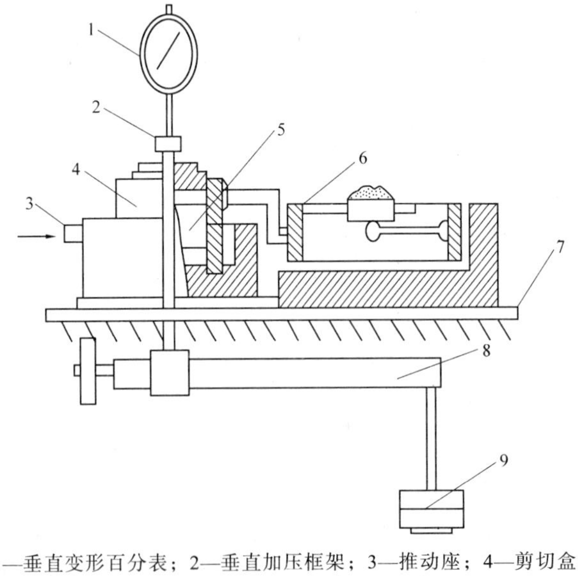

1—垂直变形百分表；2—垂直加压框架；3—推动座；4—剪切盒；
5—试样；6—测力计；7—台板；8—杠杆；9—砝码

图 10-1　应变控制式直接剪切仪结构示意图

(三)操作步骤

(1)从原状土样中切取试样或制备给定干密度及含水率的扰动土试样。

(2)对准上下盒，插入固定销钉。将透水石放入剪切盒内，然后放湿润滤纸片。将装有试样的环刀平口向下，对准剪切盒盒口，在试样顶面放湿润滤纸片、透水石，然后用推土器将试样徐徐推入剪切盒内，移去环刀。

(3)顺次加上加压盖板、钢珠、加压框架。转动手轮，使上盒前端钢珠刚好与测力计接触，调整测力计读数为零。

(4)每组试验应取 4 个试样，在 4 种不同垂直压力下进行剪切试验。一般可按 50 kPa、100 kPa、200 kPa、300 kPa、400 kPa、600 kPa…范围内选择施加。

(5)施加垂直压力后，立即拔去固定销钉。开动秒表，以 0.8 ~ 1.2 mm/min 的速率剪切(每分钟 4 ~ 6 转的速度旋转手轮)，使试样在 3 ~ 5 min 内剪损。如测力计的读数达到稳定；或有显著后退；或在某数值上下摆动，表示试样已剪损。但一般宜剪至剪切变形达到 4 mm。若测力计读数继续增加，则剪切变形达到 6 mm 为止。手轮每转动一转，同时测记测力计读数并根据需要测记垂直位移计读数，直至剪损为止。

(6)剪切结束后，吸去剪切盒积水，倒转手轮，尽快移去垂直压力、加压框架、钢珠、加压盖板等。取出试样，吸去剪切盒积水，测定剪切面附近土的含水率。

(四)成果整理

按式(10-1)计算试样的抗剪强度 τ_f

$$\tau_f = C_0 R \tag{10-1}$$

式中　τ_f——抗剪强度，kPa；

C_0——量力环率定系数，kPa/0.01 mm；

R——量力环中测微表读数，0.01 mm。

以抗剪强度 τ_f 为纵坐标、垂直压力 p 为横坐标，绘制抗剪强度 τ_f 与垂直压力 p 的关系曲线，根据图上各点，绘制一条视测直线。直线的倾角为土的内摩擦角 φ，直线在纵坐标轴上的截距为土的黏聚力 c。

三、直接剪切试验中的几个问题

(一)剪切速率

剪切速率是影响土的强度的一个重要因素，它从两方面影响土的强度：一是剪切速率对孔隙水压力的产生、传递与消散的影响，即影响试样的排水固结强度；二是对黏滞阻力的影响，当剪切速率较高、剪切历时较短时，黏滞阻力增大，表现出较高的抗剪强度。反之，黏滞阻力减小，所得的强度降低。在常规试验中，黏滞阻力的影响通常考虑较少。快剪试验应在 3 ~ 5 min 内剪损，其目的就是为了在剪切过程中尽量避免试样的排水固结。然而，对于高含水率、低密度的土或透水性大的土，即使再加快剪切速率，也难免排水固结，所以对于这类土，建议用三轴仪测定不排水强度。

(二)破坏值的选定

土的应力应变关系曲线，一般具有几种类型。破坏值的选定常有两种情况：如剪应力～剪切位移关系曲线中具有明显峰值或稳定值，则取峰值或稳定值作为抗剪强度值；若剪应力随剪切位移不断增加，无峰值或无稳定值时，则以相应于选定的某一剪切位移对应的剪应力值作为抗剪强度值。一般最大位移为试样直径的 1 / 15～1 / 10。对于直径 61.8 mm 的试样，其最大剪切位移为 4～6 mm，所以标准中规定取剪切位移为 4 mm 对应的剪应力作为抗剪强度值。同时要求试验的剪切位移达 6 mm。实际上，以剪切位移作为选值标准，虽然方法简单，但理论上是不严格的，因各种类型破坏时的剪切位移是不完全相同的，即使对同一种土，在不同的垂直压力作用下，破坏剪切位移也是不相同的，因而只有在破坏值难以选取时，才能采用此法。

思考题

1.快剪试验一般在几分钟完成？

2.试验前安装土样是否要取出环刀？

3.如何确定抗剪强度指标？

直接剪切试验

工程名称＿＿＿＿＿＿　　　　试验者＿＿＿＿＿＿
土样编号＿＿＿＿＿＿　　　　计算者＿＿＿＿＿＿
试验日期＿＿＿＿＿＿　　　　校核者＿＿＿＿＿＿

垂直压力 (kPa)	剪切历时	仪器号	钢环系数 C_0 (N/0.01 mm)	测微表读数 R	抗剪强度 $\tau_f = C_0 \cdot R$ (kPa)	说明
100						
200						
300						
400						

内摩擦系数＿＿＿＿＿＿　内摩擦角＿＿＿＿＿＿　凝聚力＿＿＿＿＿＿

抗压强度与垂直压力的关系曲线

第十一章 三轴压缩试验

一、试验目的

土的抗剪强度是土体抵抗破坏的极限能力，堤坝填方、路堑、岸坡等是否稳定，挡土墙和建筑物地基是否能承受一定的荷载，都与土的抗剪强度有密切的关系。在土坡稳定、地基承载力及土压力等计算中，土的抗剪强度是很重要的指标。三轴压缩试验是有效测定土的抗剪强度的一种方法，其相对于直剪试验有土体剪切面更符合实际受力状况以及可以控制排水条件、量测孔隙水压力等优点。三轴压缩试验的目的就是根据莫尔-库仑破坏准则测定土的强度参数。

二、试验原理

常规的三轴压缩试验是取 4 个圆柱体试样，分别在其四周施加不同的周围压力(即小主应力)，随后逐渐增加轴向压力(即大主应力)直至破坏为止。根据破坏时的大主应力与小主应力分别绘制莫尔圆，莫尔圆的切线就是剪应力与法向应力的关系曲线。

三、试验方法

根据土样固结状态和剪切时的排水条件，三轴试验可分为不固结不排水剪切试验(UU)、固结不排水剪切试验(CU)、固结排水剪切试验(CD)。

(一)不固结不排水剪切试验(UU)

试样在施加周围压力和随后增加轴向压力直至剪切破坏过程中均不允许试样排水，因此试样的含水率始终保持不变，空隙水压力不能进行消散，通过试验可测得总应力抗剪强度参数 C_{uu}、ϕ_{uu}。

不固结不排水试验是用来模拟现场条件中土体基本上来不及固结就迅速加载以致剪破的情况。在实际工程中，建筑物施工进度很快而地基排水条件不良时，就可以采用这种试验方法。

(二)固结不排水剪切试验(CU)

试样在进行三轴试验时，打开排水阀，使试样先在周围压力σ_3作用下排水固结，直至空隙水压力 U 消散到零，然后关闭排水阀，在保持不排水的情况下，施加轴向压力直至破坏。本试验可测得土样总抗剪强度参数 C_{cu}、ϕ_{cu}或有效抗剪强度参数 c' 、ϕ' 和孔隙压力系数。

固结不排水试验所模拟的现场条件是土体在自重或正常荷载作用下已经达到充分固结，以后遇到突然施加的非常荷载等情况。

(三)固结排水剪切试验(CD)

试样先在某一周围压力σ_3作用下排水固结，直至空隙水压力消散到零，然后在试样充分排水的情况下增加轴向压力直至剪切破坏，在试验过程中可以通过测记排水量来计算试样体积变化。试验中可测得有效抗剪强度参数 C_{cd}、ϕ_{cd}。

固结排水剪切试验模拟的现场条件是土体已经充分固结排水后才开始逐步缓慢地承受荷载的情况，一般工程的正常施工都不符合这样的条件，只有某些已建土坝的条件符合这样的受力情况。

以上三种试验方法，对于同一种土样来说，得出的抗剪强度是不同的，固结排水剪切强度最大，固结不排水剪切强度次之，不固结不排水剪切强度最小。究竟要采取什么样的试验方法，要依据工程的实际情况而定。

四、试验仪器设备

(一)三轴仪

三轴仪按轴向施加荷载的方式可分为应力控制式和应变控制式，目前常用的是应变控制式三轴仪(见图 11-1)。

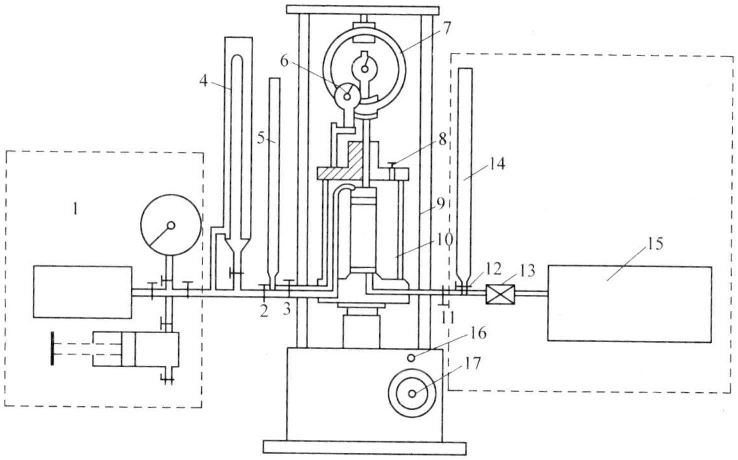

1—周围压力系统；2—周围压力阀；3—排水阀；4—体变管；5—排水管；6—轴向位移表；7—测力计；8—排气孔；9—轴向加压设备；10—压力室；11—孔压阀；12—量管阀；13—孔压传感器；14—量管；15—孔压量测系统；16—离合器；17—手轮

图 11-1 应变控制式三轴仪

其中应变控制式三轴仪主要有以下几部分组成：

(1)轴向加压系统；

(2)轴向压力和变形采集系统，其中较早生产的三轴仪多采用量力环与百分表来采集轴向力和轴向变形，而目前生产的仪器以传感器采集为主；

(3)压力室；

(4)周围压力系统；

(5)孔隙压力测量系统；

(6)反压体变系统。

(二)附属设备

三轴仪主要附属设备包括击样器(见图 11-2)、饱和器(见图 11-3)、切土盘 (见图 11-4)、切土器和切土架(见图 11-5)、原状土分样器(见图 11-6)、承膜筒(见图 11-7)、对开圆膜(见图 11-8)等。

(三)其他设备

天平(量程 200 g，精确至 0.01 g；量程 1 000 g，精确至 0.1 g)、量表(量程 30 mm，精确至 0.01 mm)、透水板、橡皮膜等。

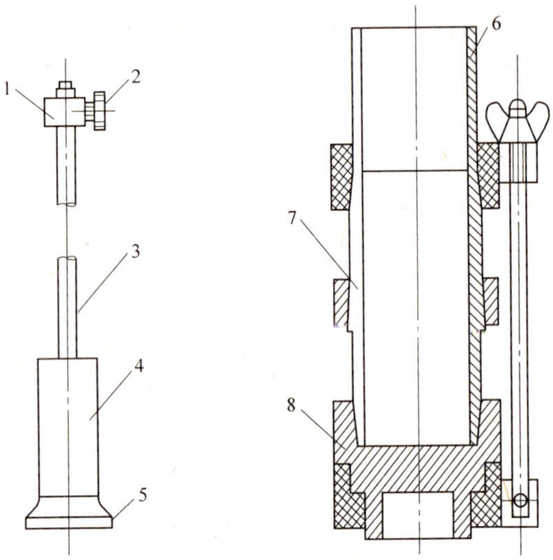

1—套环；2—定位螺丝；3—导杆；4—击锤；
5—底板；6—套筒；7—击样筒；8—底座

图 11-2　击样器

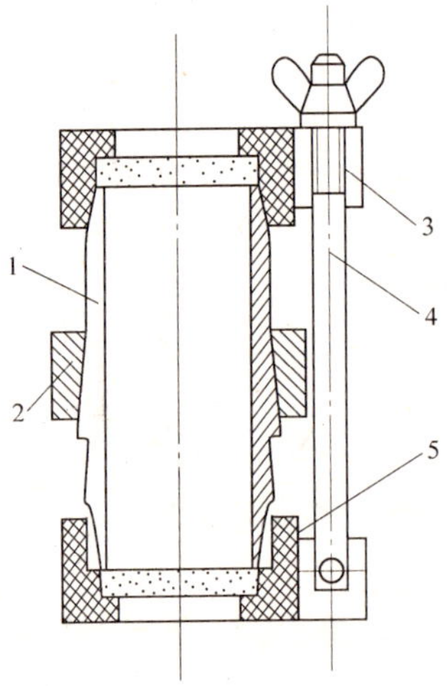

1—圆模(3 片)；2—紧箍；
3—夹板；4—拉杆；5—透水板

图 11-3　饱和器

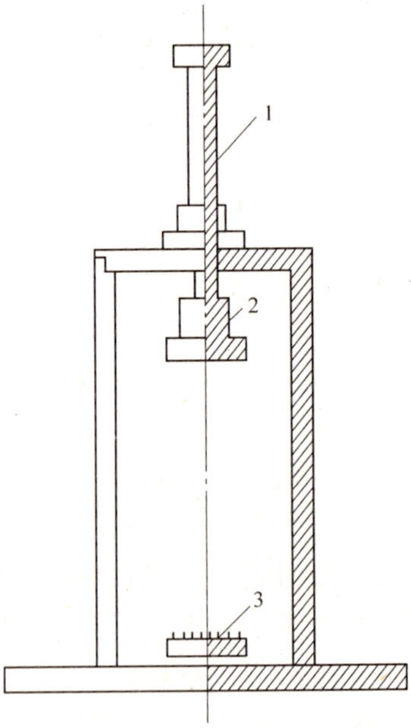

1—轴；2—上盘；3—下盘

图 11-4　切土盘

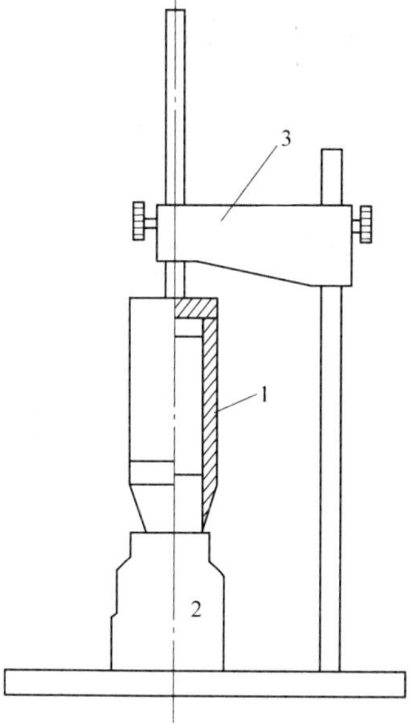

1—切土器；2—土样；3—切土架

图 11-5　切土器和切土架

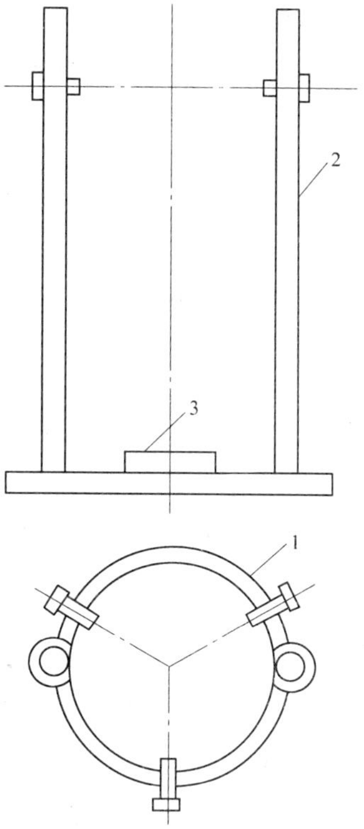

1—钢丝架；2—滑杆；3—底盘

图 11-6　原状土分样器

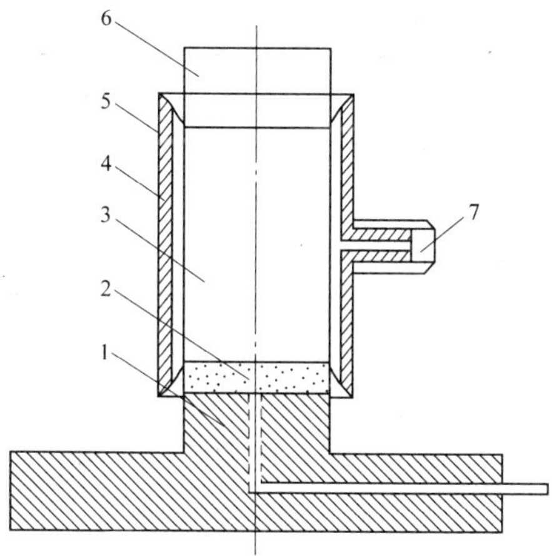

1—压力室底座；2—透水板；3—试样；
4—承膜桶；5—橡皮膜；6—上帽；7—吸水孔

图 11-7　承膜筒

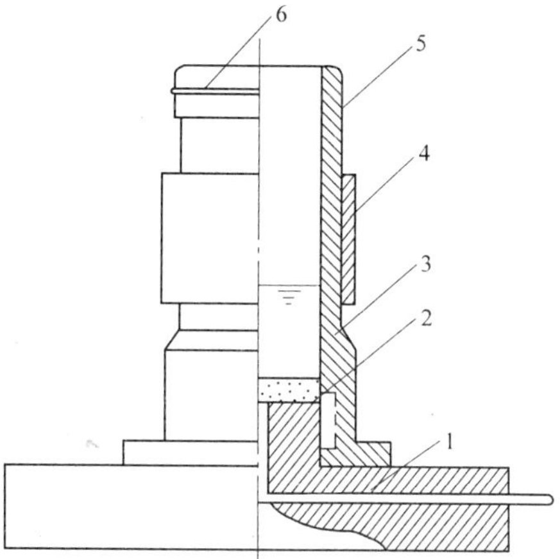

1—压力室底座；2—透水板；3—制样圆膜；
4—紧箍；5—橡皮膜；6—橡皮圈

图 11-8　对开圆膜

五、试验前的检查和准备

(1)周围压力系统和反压力控制系统的仪表误差应不超过全程的 ± 1%，采用传感器时，其误差应不超过全程的 ± 0.5%，根据试样的强度大小，选择不同量程的测力计，最大轴向压力的准确度不小于 1%。

(2)周围压力、孔隙水压力、反压力和体积变化等装置的管路系统以及试样上、下端通道接头是否存在漏气漏水或阻塞现象。

(3)孔压及体变的管道系统内是否存在封闭气泡，若有封闭气泡，可用无气泡水进行循环排气。

(4)土样两端放置的透水石是否畅通和浸水饱和。

(5)乳胶薄膜套的质量检测，乳胶薄膜套必须完好。

(6)根据工程特点和土的性质确定试验方法和需测定的参数。

(7)根据土样的制备方法和土样的特性选择饱和方法。

(8)根据试验方法和土的性质，选择剪切速率。

(9)根据取土深度、土的应力历史以及试验方法，确定周围压力的大小。

(10)根据试验方案及土样的多少和均匀度，确定单个试样多级加荷还是多个试样分级加荷。

六、试样制备与饱和

(一)试样制备

试样应制备成圆柱形，试样尺寸有 3 种，直径分别为 39.1 mm、61.8 mm 或 101 mm，相应的高度分别为 80 mm、150 mm 或 200 mm。试样高度与试样直径的关系一般为 2 ~ 2.5 倍，试样粒径的允许最大粒径与试样直径之间的关系见表 11-1。

表 11-1　试样粒径的允许最大粒径与试样直径的关系

试样直径 D(mm)	允许最大粒径 d(mm)
39.1	$d<(1/10)D$
61.8	$d<(1/10)D$
101.0	$d<(1/5)D$

1.原状土试样制备

(1)对于较软的土样，先用钢丝锯或切土刀取一稍大于规定尺寸的土样，放在切土盘上、下圆盘之间，然后用钢丝锯紧靠侧板，由上往下细心切削，边切削边转动圆盘，直至土样被削成规定的直径为止。

(2)对于较硬的土样，先用切土刀取一稍大于规定尺寸的土柱，放在切土架上，用切土器切削土样，边削边压切土器，直至切削到超出试样高度约 2 cm 为止。

(3)取出试样，用对开膜套上，然后将两端削平，称量，精确至 0.1 g，试样直径和高度用卡尺量测，试样平均直径 D_0 由式(11-1)计算：

$$D_0 = \frac{D_1 + 2D_2 + D_3}{4} \tag{11-1}$$

式中　D_1、D_2、D_3——试样上、中、下部位的直径，mm。

(4)取切下的余土，平行测定含水率，取其平均含水率为试样含水率，含水率差值不宜大于 2%。

2.扰动土和砂土试样制备

对于扰动土，按预定的干密度和含水率将扰动土拌匀，然后分层装入击实筒内击实，粉质土分 3～5 层，黏质土分 5～8 层，并在各层上用切土刀刨毛以利于两层面之间结合。

对于砂土，先在压力室底座上依次放上透水石、滤纸、乳胶薄膜和对开膜筒，然后根据一定的密度要求，分 3 层装入圆筒内击实。如果备制饱和砂样，可在圆膜筒内通入纯水至 1/3 高，将预先煮沸的砂料填入，重复此步骤，使砂样达到预定高度，放入滤纸、透水石、顶帽，扎紧乳胶膜。为使试样能直立，可对试样内部加 5 kPa 的负压力或将量水管水头降低 50 cm 即可，然后拆除对开膜筒。

(二)试样饱和

1.真空抽气饱和法

将制备好的土样置于真空饱和缸内，为提高真空度，可在盖缝中涂上一层凡士林以防漏气。将真空抽气机与真空饱和缸接通，开动抽气机，当真空压力达到一个大气压时，微微开启管夹，使清水徐徐注入真空饱和缸的试样中，待水面超过土样饱和器后，使真空表压力保持一个大气压不变即可停止抽气。然后静止大约 10 h，使试样充分吸水饱和。也可将试样装入饱和器后，先浸没在带有清水注入的真空饱和缸内，连续真空抽气 2～4 h，然后停止抽气，静置 12 h 左右即可。

2.水头饱和法

将试样装入压力室内，施加 20 kPa 周围压力，使无气泡的水从试样底座进入，待上部溢出，水头高差一般在 1 m 左右，直至流入水量相等为止。

七、不固结不排水(UU)剪切试验

(一)试验步骤

(1)试样安装。先把乳胶膜装在承膜筒内，用吸气球从气嘴中吸气，使乳胶薄膜贴紧筒壁，套在制备好的试样外面，将压力室底座的透水石与管路系统以及孔隙水测定装置充水并放上一张滤纸；然后再将套上乳胶膜的试样放在压力室的底座上，翻下乳胶膜的下端与底座一起用橡皮筋扎紧，翻开乳胶膜的上端与土样帽用橡皮筋扎紧；最后装上压力圆筒，并拧紧密封螺帽，同时使传压活塞与土样帽接触。

(2)关闭所有管路阀门，在不排水条件下加荷，同时测定试样的孔隙水压力 U。

(3)施加周围压力σ_3。分别按 100 kPa、200 kPa、300 kPa、400 kPa 施加周围压力。

(4)调整零点。移动量测轴向变形的位移计(表)和轴向压力测力计(表)的初始读数到“零点”。

(5)施加轴向压力。启动电动机，合上离合器，开始剪切。剪切应变速率取每分钟 0.5%～1.0%，当试样每产生轴向应变为 0.3%～0.4%时，测记一次测力计、孔隙水压力和轴向变形读数，直至轴向应变达到 20%时为止。

(6)试验结束。停机并卸除周围压力，然后拆除试样，描述试样破坏时的形状。

(二)成果整理

(1)轴向应变按式(11-2)计算

$$\varepsilon_i = \frac{\Delta h_i}{h_0} \times 100\% \tag{11-2}$$

式中 ε_i——轴向应变，%；

Δh_i——轴向变形，mm；

h_0——试样初始高度，mm。

(2)试样面积剪切时校正值

$$A_a = \frac{A_0}{1-0.01\varepsilon_1} \tag{11-3}$$

式中 A_a——试样剪切过程中平均断面面积，cm^2；

A_0——土样初始断面面积，cm^2；

ε_1——轴向应变，%(不固结不排水试验 $\varepsilon_1 = \Delta h_i / h_0$)。

(3)主应力差的计算

$$\sigma_1 - \sigma_3 = \frac{CR}{A_a} \times 10 = \frac{CR(1-\varepsilon_1)}{A_0} \times 10 \tag{11-4}$$

式中 $\sigma_1 - \sigma_3$——主应力差，kPa；

σ_1——大主应力，kPa；

σ_3——小主应力，kPa；

C——测力计率定系数，N/0.01 mm；

R——测力计读数，0.01 mm；

其他符号意义同前。

(4)孔隙水压力系数的计算

$$B = \frac{u_0}{\sigma_3} \tag{11-5}$$

$$A_f = \frac{u_i}{B(\sigma_1 - \sigma_3)} \tag{11-6}$$

式中 B——初始孔隙水压力系数；

u_0——施加周围压力后产生的孔隙水压力，kPa；

A_f——破坏时的孔隙水压力系数；

u_i——试样破坏时，主应力差产生的孔隙水压力，kPa；

其他符号意义同前。

(5)绘制主应力差与轴向应变关系曲线。以主应力差($\sigma_1 - \sigma_3$)为纵坐标，以轴向应变 ε_1 为横坐标，绘制主应力差与轴向应变关系曲线(见图 11-9)。若有峰值时，取曲线上主应力差的峰值作为破坏点；若无峰值时，则取 15%轴向应变时的主应力差值作为破坏点。

(6)绘制应力圆及强度包线。以剪应力 τ 为纵坐标，以法应力 σ 为横坐标。在横坐标上以对应于破坏时的 $(\sigma_{1f} + \sigma_{3f})/2$ 值为圆心，以 $(\sigma_{1f} - \sigma_{3f})/2$ 为半径，在 $\tau \sim \sigma$ 坐标系上绘制破坏总应力圆，并绘制不同周围压力下诸破坏总应力圆的包线(见图 11-10)，包线的倾

角为内摩擦角 φ_u，包线在纵坐标上的截距为黏聚力 c_u。

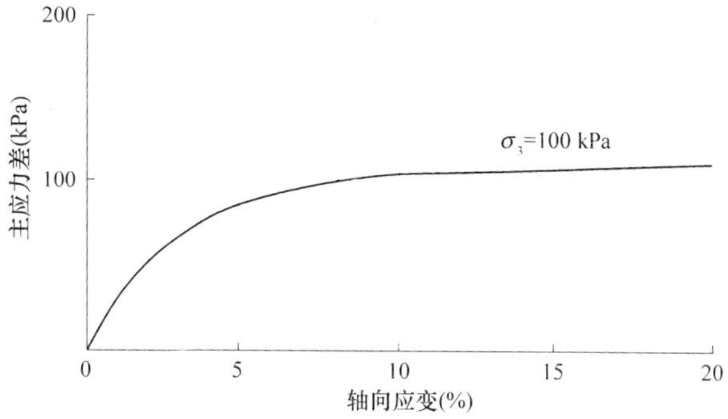

图 11-9　主应力差与轴向应变关系曲线

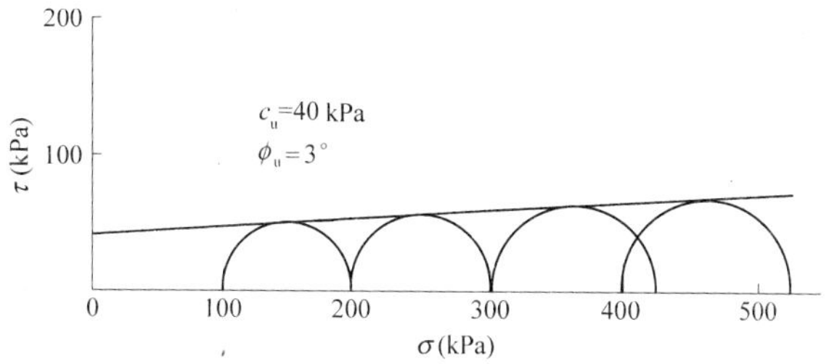

图 11-10　不固结不排水剪切强度包线

(三)试验记录

不固结不排水三轴剪切试验见三轴剪切试验记录表(UU)。

八、一个试样多级加荷三轴剪切试验(UU)

用三轴剪切试验测定土的抗剪强度指标时，按常规方法通常需要 3~4 个土样，所需土样较多。但有些地基取土比较困难，进行常规三轴试验就会受到一定限制，这时可以采用一个试样多级加荷的三轴剪切试验来测定土的抗剪强度指标。此方法的优点在于避免了试样之间的差异，所测得的成果比较规律，各应力圆能很好地与强度包线相切。但一个试样的代表性较低，并且不适用于超固结土，因此采用这种方法需要考虑工程实际情况和土样的力学特点。

(一)试验步骤

(1)试样安装。三轴剪切试验的一个试样多级加荷与多个试样剪切的试样安装方法相同。

(2)施加第一级周围压力。周围的压力一般可分为 3~4 级进行，第一级周围压力可按 50 kPa 或 100 kPa 施加，以后各级可以按照第一级周围压力的 1 倍、2 倍、3 倍递增。

(3)调整零点。移动量测轴向变形的位移计(表)和轴向压力测力计(表)的初始读数到“零点”。

(4)施加轴向压力。启动电动机，合上离合器，开始剪切。剪切应变速率取每分钟 0.5%~1.0%，开始阶段，试样每产生轴向应变 0.3%~0.4%时，测记量力环表读数以及垂直变形表读数；当试样应变达到 3%以后，轴向应变每增加 0.7%~0.8%测记一次。当量力环量表读数稳定或接近稳定时，关闭电机停止剪切，记录轴向变形量表读数和量力环量表读数。

(5)施加第二级周围压力。在施加围压后需要稳定 10 ~ 20 min，此时的量力环量表读数会发生一定变化。再次剪切前，应重新调整至原来的数值，按原剪切速率剪切，直至量力环量表读数稳定或接近稳定为止。

(6)施加其余各级周围压力。应注意的是最后一级压力下的剪切累计变形不超过20%。

(7)试验结束。停机并卸除周围压力，然后拆除试样，描述试样破坏时的形状。

(二)成果整理

(1)不固结不排水三轴剪切试验轴向应变和面积修正

$$\varepsilon_i = \frac{\Delta h_i}{h_0} \times 100\% \tag{11-7}$$

$$A_a = \frac{A_0}{1 - 0.01\varepsilon_1} \tag{11-8}$$

(2)不固结不排水三轴剪切试验各级围压下的主应力差的计算

$$\sigma_1 - \sigma_3 = \frac{CR}{A_a} \times 10 = \frac{CR(1-\varepsilon_1)}{A_0} \times 10 \tag{11-9}$$

(3)试验记录见三轴剪切试验记录表。

(4)绘制不固结不排水三轴剪切试验应力 ~ 应变关系曲线(见图 11-11)及应力圆及强度包线(图略)。

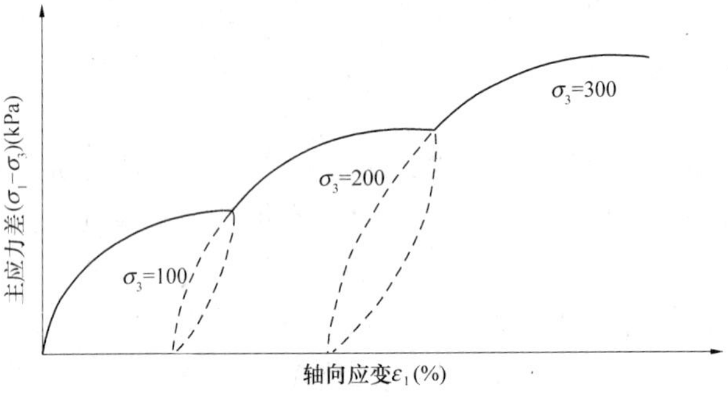

图 11-11　不固结不排水剪切试验的应力 ~ 应变关系

三轴剪切试验记录表(UU)

工程名称__________　试样编号__________　试样说明__________

试验者____________　计算者____________　校核者____________

仪器编号_______ 试验方法_______			剪切速率 r=________ mm/min 量力环校正系数 C=_______ N/0.01 mm			
周围压力 σ_3	轴向变形读数 Δh_i	轴向应变 $\varepsilon_i=\frac{\Delta h_i}{h_0}$	试样校正后面积 $A_a=\frac{A_0}{1-\varepsilon_i}$	量力环量表读数 R	主应力差 $\sigma_1-\sigma_3=\frac{R\cdot C}{A_a}\times 10$	大主应力 $\sigma_1=(\sigma_1-\sigma_3)+\sigma_3$
kPa	0.01 mm	%	cm^2	0.01 mm	kPa	kPa

第十二章　无侧限抗压强度试验

一、试验目的

无侧限抗压强度是试样在无侧向压力条件下抵抗轴向压力的极限强度。一般用于测定饱和软黏土的无侧限抗压强度及灵敏度。

二、试验原理

无侧限抗压试验是三轴压缩试验的一个特例，将试样置于不受侧向限制的条件下进行的强度试验，此时试样小主应力为零，而大主应力的极限值为无侧限抗压强度，即周围压力 $\sigma_3 = 0$ 的三轴试验。由于试样侧面不受限制，这样求得的抗剪强度值比常规三轴不排水抗剪强度值略小。

三、试验设备

应变控制式无侧限压缩仪(见图 12-1)、量表、切土盘、重塑筒等。

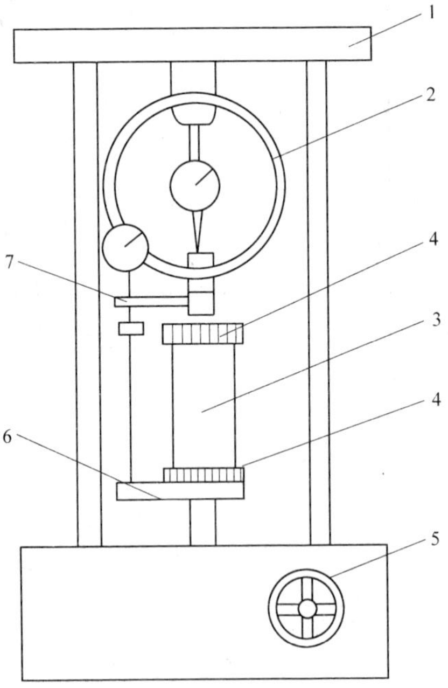

1—轴向加压架；2—轴向测力计；3—试样；

4—上、下传压板；5—手轮或电动转轮；6—升降板；7—轴向位移计

图 12-1　应变控制式无侧限压缩仪示意图

四、试验步骤

(1)试样制备。按三轴试验中原状试样制备进行。试样直径可采用 3.5 ~ 4.0 cm，试样高度与直径之比按土样的软硬情况采用 2.0 ~ 2.5 cm。

(2)安装试样。将试样两端抹一层凡士林，在气候干燥时，试样周围亦需抹一层薄凡士林，防止水分蒸发。将试样放在底座上，转动手轮，使底座缓慢上升，试样与传压板刚好接触，将测力计调零。

(3)测记读数。以每分钟轴向应变为 1% ~ 3%的速度转动手轮，使升降设备上升而进行试验。每隔一定应变，测记测力计读数，试验宜在 8 ~ 10 min 内完成。当测力计读数出现峰值时，停止试验，当读数无峰值时，试验进行到应变达 20%为止。

(4)重塑试验。当需要测定灵敏度时，应立即将破坏后的试样除去涂有凡士林的表面，加少许余土，包于塑料薄膜内用手搓捏，破坏其结构，放入重塑筒内，用金属垫板将试样塑成与原状土样相同，然后按上述步骤进行试验。

五、成果整理

(1)按式(12-1)计算轴向应变

$$\varepsilon_1 = \frac{\Delta h}{h_0} \tag{12-1}$$

式中　ε_1——轴向应变，%；

h_0——试样起始高度，cm；

Δh——轴向变形，cm。

(2)按式(12-2)计算试样平均断面面积

$$A_a = \frac{A_0}{1-0.01\varepsilon_1} \tag{12-2}$$

式中　A_a——校正后试样面积，cm^2；

A_0——试样初始面积，cm^2。

(3)按式(12-3)计算试样所受的轴向应力

$$\sigma = \frac{C \cdot R}{A_a} \times 10 \tag{12-3}$$

式中　σ——轴向应力，kPa；

C——测力计率定系数，N/0.01 mm；

R——测力计读数，0.01 mm；

10——单位换算系数。

(4)按式(12-4)计算灵敏度

$$S_t = \frac{q_u}{q'_u} \tag{12-4}$$

式中　q_u——原状试样的无侧限抗压强度，kPa；

q'_u——重塑试样的无侧限抗压强度，kPa。

六、绘制 $\sigma \sim \varepsilon$ 关系曲线

以轴向应变 ε 为横坐标，以轴向应力 σ 为纵坐标，取曲线上最大轴向应力作为无侧限抗压强度，如图 12-2 所示。

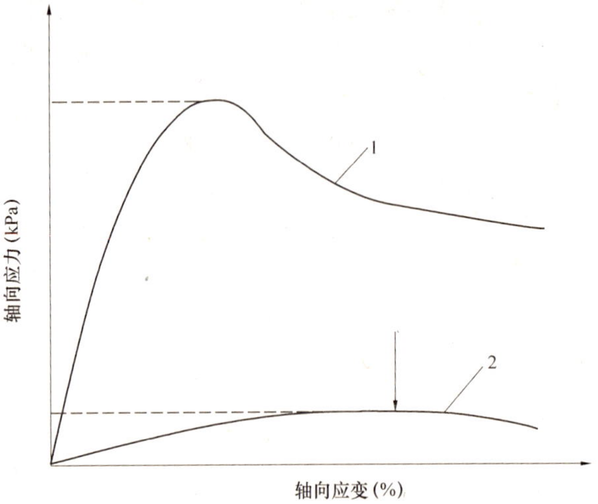

1—原状试样；2—重塑试样

图 12-2　轴向应力与轴向应变关系曲线

七、试验注意事项

(1)测定无侧限抗压强度时，要求在试验过程中含水率保持不变。

(2)在试验中如果不具有峰值及稳定值，选取破坏值时按应变 15%所对应的轴向应力为抗压强度。

(3)需要测定灵敏度，重塑试样的试验应立即进行。

无侧限抗压强度试验记录表

工程名称________　土样面积__________　试验者________

土样编号________　土样直径__________　计算者________

起始高度________　测力计率定系数 $C=$ N/0.01 mm　试验日期________

土状	竖向量表读数 (mm)	测力计读数 R (mm)	轴向变形 Δh (mm)	轴向应变 ε_1 (%)	校正后面积 A_a (cm^2)	轴向荷重 P (N)	无侧限抗压强度 σ (kPa)	灵敏度
	(1)	(2)	(3)	$\frac{\Delta h}{h_0}$	$\frac{A_0}{1-0.01\varepsilon_1}$	$C\times(2)$	$\frac{P}{(A_a)}\times 10$	
原状土								
重塑土								

第十三章　无黏性土休止角试验

一、试验目的

测定无黏性土在全干或全湿状态下的休止角。适用于不含黏粒或粉粒的纯砂土。

二、试验原理

休止角是无黏性土在松散状态堆积时，其天然坡面和水平面所形成的最大坡角，其数值接近于疏松土样的内摩擦角。

三、试验设备

休止角测定仪：圆盘直径为 10 cm(适用于粒径小于 2 mm 的无黏性土)及 20 cm(适用于粒径小于 5 mm 的无黏性土)，见图 13-1。

附属设备：勺、水槽等。

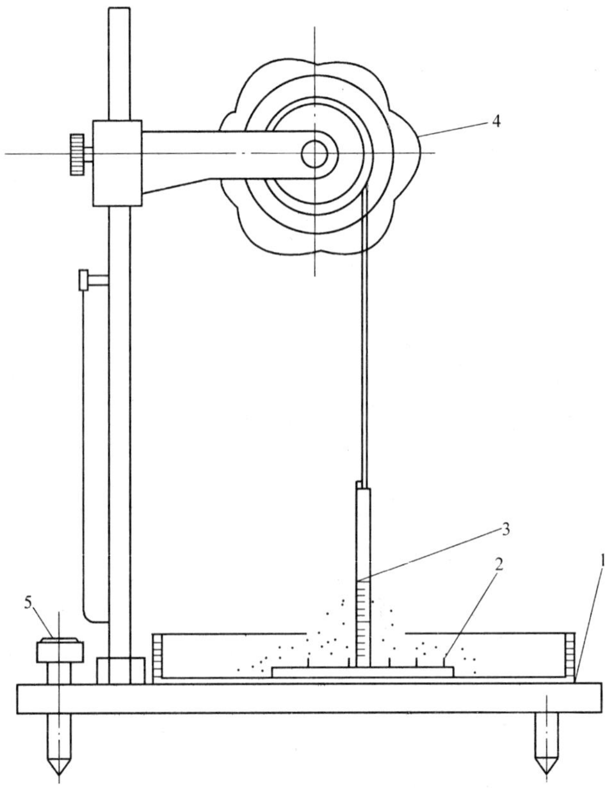

1—底盘；2—圆盘；3—铁杆；

4—制动器；5—水平螺丝

图 13-1　休止角测定仪

四、试验步骤

(1)取代表性的充分风干试样一定数量，并选择相应的圆盘。

(2)转动制动盘，使圆盘落在底盘中。

(3)用勺小心地沿铁杆四周倾倒试样，小勺离试样表面的高度应始终保持在 1 cm 左右，直至圆盘外缘完全盖满为止。

(4)慢慢转动制动盘，使圆盘平稳升起，直至离开底盘内的试样为止。读记锥顶与铁杆接触处的刻度($\tan\alpha_c$)。

(5)如果测定水下状态的休止角，先将盛满试样的圆盘慢慢地沉入水槽中，水槽内水面应达铁杆的“0”刻度处，当锥体全部淹没水中后，即停止下降，待其充分饱和，直至无气泡上升为止。然后慢慢转动制动器，使圆盘升起，当锥体露出水面时，测记锥顶与铁杆接触处的刻度($\tan\alpha_m$)。

(6)将测得的 $\tan\alpha_c$ 和 $\tan\alpha_m$ 值，在三角函数表中查取休止角。

(7)试验需进行 2 次平行测定，取其算术平均值，以整数(°)表示。

五、成果整理

按式(13-1)计算休止角α_0

$$\tan\alpha_0 = \frac{2h}{d} \tag{13-1}$$

式中　h——试样堆积圆锥高度，cm；

d——圆锥底面直径，cm。

六、试验注意事项

(1)必须取干砂做试验。

(2)需进行 2 次平行测定，取其算术平均值，以整数(°)表示。

无黏性土休止角试验记录表

工程名称________　　土样说明________　　试验者________
土样编号________　　试验日期________　　校核者________

土样编号	风干状态休止角			水下状态休止角		
	读数		平均值	读数		平均值
	($\tan\alpha_c$)	(°)	(°)	($\tan\alpha_m$)	(°)	(°)

参考文献

[1] 土工试验方法标准，GB/T 50123—1999[S]. 北京：中国计划出版社，1999.
[2] 建筑地基基础设计规范，GB 50007—2002[S]. 北京：中国计划出版社，2002.
[3] 土工试验规程，JTJ 051—93[S]. 北京：中国水利水电出版社，1999.
[4] 南京水利科学研究院. 土工试验技术手册[S]. 北京：人民交通出版社，2003.
[5] 陈希哲. 土力学地基基础[M]. 3 版. 北京：清华大学出版社，1998.
[6] 袁聚云，等. 土工试验与原位测试[M]. 上海：同济大学出版社，2004.
[7] 杨迎晓，等. 土力学试验指导[M]. 杭州：浙江大学出版社，2007.
[8] 王宝田. 土工测试技术[M]. 南京：河海大学出版社，2000.
[9] 冯国栋，等. 土力学及岩石力学[M]. 北京：水利电力出版社, 1979.
[10] 土的分类标准，GBJ 145—90[S]. 北京：中国计划出版社，1991.
[11] 岩土工程勘察规范，GB 50021—2001[S]. 北京：中国建筑工业出版社，2006.
[12] 土工试验规程，SL 237—1999[S]. 北京：中国水利水电出版社，1999.
[13] 公路土工试验规程，JTG E40—2007[S]. 北京：人民交通出版社，2007.
[14] 铁路工程岩土分类标准，TB 10077—2001[S]. 北京：中国铁道出版社，2007.
[15] 土的工程分类标准，GB/T 50145—2007[S]. 北京：中国计划出版社，2008.

全国高等教育土木工程类精品教材

土木工程测量
实验与实习指导

主　编　孔　达　吕忠刚
副主编　周启朋　窦世卿　马学武

黄 河 水 利
·郑

内 容 提 要

本书是根据"土木工程测量教学大纲"和"土木工程测量课程综合实习大纲"编写的,全书共分三部分,第一部分是测量实验与实习须知,第二部分是测量实验项目及实验报告,第三部分是测量教学综合实习。

本书可供各院校配合《土木工程测量》教材教学使用。

图书在版编目(CIP)数据

土木工程测量/孔达主编.—郑州:黄河水利出版社,2008.8(2015.8 重印)
全国高等教育土木工程类精品教材
ISBN 978-7-80734-480-3

Ⅰ.土… Ⅱ.孔… Ⅲ.土木工程-工程测量-高等学校-教材 Ⅳ.TU198

中国版本图书馆 CIP 数据核字(2008)第 123837 号

版 社:黄河水利出版社
地址:河南省郑州市顺河路 49 号　　邮政编码:450003
位:黄河水利出版社
发行部电话:0371-66026940、66020550、66028024、66022620(传真)
承 -mail:hhslcbs@126.com
开 南承创印务有限公司
印张 092 mm 1/16
字数:
版次:20　　印数:7 101—10 000
版　　印次:2015 年 8 月第 3 次印刷

定价:48.00 元

前　言

本书系与全国高等教育土木工程类精品教材《土木工程测量》配套的辅助教材，在内容与顺序安排上兼顾了各类专业、不同层次的教学要求。全书共分为测量实验与实习须知、测量实验项目及实验报告、测量教学综合实习三个部分。

“测量实验与实习须知”系统地介绍了实验与实习的一般规定、仪器和工具使用规则，以及测量记录和计算的规则等；“测量实验项目及实验报告”是将理论知识和实践相结合的教学环节，这部分内容共有16个实验，每个实验均按实验的目的、任务、要求、仪器设备、实验步骤、注意事项及实验报告的顺序编写；“测量教学综合实习”是将理论教学、单项实验技术相结合综合训练的教学环节，主要内容有实习的目的、性质、任务、要求，实习的组织安排、管理、仪器设备（含备品）配备，实习的基本内容、日程安排、注意事项，实习提交的成果、成绩评定及其原则，实习的主要技术工作指导等，通过实习进一步理解和巩固理论知识，培养学生解决问题的能力和操作能力。

在编写各部分内容时，力求文字简洁，通俗易懂。由于时间仓促，水平有限，书中难免存在错误和疏漏，热忱希望广大读者批评指正。

编　者

2008年5月

目 录

(3)根据限差要求进行校核计算,不合格应重测。

(4)一测回未结束,严禁碰动各脚螺旋,严禁碰动水平度盘变换手轮。

实验报告 5-1(测回法)

日期＿＿＿＿＿＿　　班级＿＿＿＿＿＿　　小组＿＿＿＿＿＿　　姓名＿＿＿＿＿＿

实验项目	测回法水平角观测	成　绩	

1. 测回法和全圆方向法观测水平角的异同点

2. 测回法水平角观测记录表

测站	测回	盘位	目标	度盘读数 (°　′　″)	半测回角值 (°　′　″)	一测回角值 (°　′　″)	各测回均值 (°　′　″)	备注

观测略图:　　　　说明:

教师＿＿＿＿＿＿＿＿

实验报告 6

日期________　班级________　小组________　姓名________

实验项目	竖直角观测	成　绩	

1. 一测回竖直角观测的工作步骤

2. 竖直角观测记录表

测站	测回	目标	竖盘位置	竖盘读数 (° ′ ″)	半测回竖直角 (° ′ ″)	指标差 (x) (″)	一测回竖直角 (° ′ ″)	备注
			左					
			右					
			左					
			右					
			左					
			右					
			左					
			右					

观测略图：　　　　限差范围：

教师________

实验七　经纬仪的检验与校正

一、目的和任务、要求

（1）了解经纬仪的主要轴线及它们之间应满足的几何条件；

（2）基本掌握检验与校正经纬仪的程序和方法；

（3）每组完成一台经纬仪的检验。

二、仪器设备

每组 DJ_6 经纬仪 1 台，花杆 1 根，记录板 1 块，皮尺 1 把，校正针 1 根，小螺丝刀 1 把，自备 2H 或 3H 铅笔 1 支。

三、实验步骤

（1）一般性检验按实验报告所列项目进行。

（2）照准部水准管轴是否垂直于仪器竖轴的检验与校正。

检验：先整平仪器，使照准部水准管平行于任意一对脚螺旋，转动该对脚螺旋使气泡居中，再将照准部旋转 180°，若气泡仍居中，说明此条件满足；否则，需要校正。

校正：用校正针拨动水准管一端的校正螺丝，先松一个再紧一个，使气泡向居中方向移动至偏离格数的一半，再转动脚螺旋使气泡居中。

重复上述检验、校正步骤，直至照准部旋转至任何位置时，水准管气泡的偏离量都在一格以内。

（3）十字丝竖丝是否垂直于横轴的检验与校正。

检验：用十字丝竖丝的一端瞄准细小点状目标，再转动望远镜竖直微动螺旋，使目标点移至竖丝另一端，若其始终在竖丝上移动，说明此条件满足；否则，需要校正。

校正：旋下十字丝分划板护罩，用小螺丝刀松开十字丝分划板的固定螺丝；微微转动十字丝分划板，使竖丝端点向着点状目标旋动，旋至偏离距离的一半，固定分划板的固定螺丝。

重复上述检验、校正步骤，直至无显著误差为止。

（4）光学对点器效用正确性的检验与校正。

检验：对中、整平仪器，并在某位置 P 精确对中；相对 P 位置转动照准部 180°，若未对中，偏离值不大于 1 mm，说明光学对点器位置符合要求；否则，需要校正。

校正：打开照准部水平度盘上部（横轴中心正下方）的护盖（如南京 1002 厂仪器），用小螺丝刀（表起子）调节 2 块对中棱镜的螺丝；或拧开对点器护盖（如广州南方公司仪器），用校正针调节竖向 2 个、平向 2 个对点器的校正螺钉。使圆圈中心或十字丝交点向着地面点位的方向移动，移至偏离距离的一半，固定各螺丝或螺钉。

将仪器升高或降低 0.3～0.5 m，重复上述检验、校正步骤，直至在仪器高时、低时及照准部在任一位置时，对中的偏离值都不超过 1 mm 为止，拧紧护盖。

(5)视准轴是否垂直于横轴的检验与校正。

方法一的检验、校正步骤如下：

检验：盘左瞄准远处与仪器同高的某点 A，读取水平度盘读数 L，纵转望远镜，盘右再瞄准 A 点，读取水平度盘读数 R。若 $L = R \pm 180°$，说明视准轴垂直于横轴，若差值超过值超过 $\pm 2'$，则需要校正。

校正：计算正确读数 $L_0 = \frac{1}{2}[L + (R \pm 180°)]$，转动水平微动螺旋，使水平度盘读数为 L_0；此时目标点 A 偏离十字丝交点，用校正针拨动十字丝左、右两个校正螺钉，使十字丝交点恰好对准 A 点。

重复上述检验、校正步骤，直至盘左、盘右的读数 L、$R(\pm 180°)$ 的差值不大于 $2'$ 为止，最后旋上十字丝分划板护罩。

方法二的检验、校正步骤如下：

检验：在平坦场地选定相距 100 m 的 A、B 两点，仪器安置在两点的中点 O；在 A 点处设置与经纬仪同高的标志点 C(或在墙上设同高的点标志)，在 B 点水平放置一根木尺，其与仪器同高且与 OB 垂直。盘左瞄准 C 点(或点标志)，固定照准部，倒转望远镜，在 B 点处木尺上定出 b_1 点的读数；再用盘右，同法定出木尺上 b_2 点的读数。若 b_1 与 b_2 一致，说明此条件满足；否则，需要校正。

校正：计算校正位置读数 b_3，即 $b_3 = b_2 - \frac{1}{4}(b_2 - b_1)$；调节十字丝的左、右两个校正螺钉，使十字丝交点切准读数 b_3 处，或切准 b_1、b_2 点间且距 b_2 点 $b_1b_2/4$ 位置处。如此反复检验、校正，直至 $b_1b_2 \leqslant 2$ cm 为止，最后旋上十字丝分划板护罩。

(6)横轴垂直于竖轴的检验。

在离建筑物 10 m 处安置仪器，盘左瞄准墙上高目标点标志 P(垂直角大于 30°)，将望远镜放平，将十字丝交点投在墙上，定出 P_1 点。盘右瞄准 P 点，同法定出 P_2 点。若 P_1、P_2 两点重合，则说明此条件满足；若 $P_1P_2 > 5$ mm，则需要校正。由于仪器横轴是密封的，故该项校正应由专业维修人员进行。

四、注意事项

(1)要按实验步骤进行检验、校正，不能颠倒顺序。

(2)在确认检验数据无误后，方可进行校正。

(3)每项校正结束后，要即刻旋紧各校正螺丝，有护盖的，要拧紧护盖。

(4)选择检验场地时，应顾及视准轴和横轴两项检验，既能看到远处水平目标，又能看到墙上高处目标。

实验报告 7

日期______________　班级______________　小组______________　姓名______________

实验项目	经纬仪的检验与校正	成　　绩	

1. 一般性检验记录

检验项目	检验结果
三脚架是否牢固	
脚螺旋是否有效	
水平制动与微动螺旋是否有效	
望远镜制动与微动螺旋是否有效	
照准部转动是否灵活	
望远镜转动是否灵活	
望远镜成像是否清晰	

2. 照准部水准管轴垂直于竖轴的检验、校正记录

检验(转 180°)次数	1	2	3	4	5
气泡偏离的格数					

3. 十字丝竖丝垂直于横轴的检验、校正记录

检验次数	误差是否显著
1	
2	

图形描述

1 次　　2 次

4. 视准轴垂直于横轴的检验校正记录(注:方法一、方法二任选其一)

方法一

目标	盘位	检验、校正的水平度盘读数	
		第一次	第二次
A	L		
	R		
	L_0		

方法二

目标	竖盘位置视线切点	在横尺上的检校读数	
		第一次	第二次
横尺	盘左 b_1		
	盘左 b_2		
	b_3		

备　　注

校正读数计算公式

$$L_0 = \frac{1}{2}[L + (R \pm 180°)]$$

$$b_3 = b_2 - \frac{1}{4}(b_2 - b_1)$$

5. 横轴垂直于竖轴的检验记录

仪器至高点目标平距(m)	检验序次	第一次	第二次
	高点经正、倒镜投至墙上仪器同高处的点间距 P_1P_2		

教师______________

实验八　钢尺量距及直线磁方位角的测定

一、目的和任务、要求

(1)掌握直线定线和距离丈量的基本方法;

(2)学会使用罗盘仪及测量直线的磁方位角;

(3)每组测量1~2条直线的边长,每人用罗盘仪测定1~2条直线的磁方位角。

二、仪器设备

每组DJ_6经纬仪1台,钢尺1把,罗盘仪1台,花杆1~3只,测钎2~3只,木桩若干,自备2H或3H铅笔1支。

三、实验步骤

(一)钢尺量距

(1)在较平坦地面上选定相距50 m或70 m的A、B两点,设立木桩,并在桩顶钉上小钉。若为水泥或沥青地面,钉钢钉或画上“+”作为标志。

(2)在A、B两点竖立标杆,用花杆目估法进行直线定线;或在A点整置经纬仪,照准B处花杆,进行直线定线。

(3)钢尺量距。往返测量边长AB,当相对误差不大于1/3 000时,取平均值作为AB边长的观测值。

(二)罗盘仪定向

(1)对中:采用锤球,移动三脚架使锤球尖对准地面点中心。

(2)整平:旋松球窝装置,双手扶住度盘上下摆,使水准器气泡居中,旋紧球窝装置即可。

(3)瞄准:转动望远镜瞄准目标。

(4)读数:放松举针螺旋,待磁针自由静止后,读数。

(5)检查:正、反方位角观测,所测反方位角加或减180°的值,与正方位角观测值的差值不许超过度盘最小刻度的2倍,若符合要求,取平均值作为最后观测结果。

四、注意事项

(1)距离丈量可以边进行直线定线,边进行尺段丈量,再累计长度;每条边均需要进行往返丈量,且相对误差应不大于1/3 000。

(2)罗盘仪读数应按指北针读,罗盘仪安置地点应避免强磁场干扰及铁器的影响。

(3)照准目标时应尽量瞄准花杆的根部,以减少目标倾斜的影响。

实验报告 8

日期__________ 班级__________ 小组__________ 姓名__________

实验项目	钢尺量距及直线磁方位角的测定	成　　绩	

钢尺量距与罗盘仪定向记录

尺段名称	观测次数	整尺段数 n	余尺长 q (m)	距离 $D = nl + q$ (m)	平均距离 (m)	相对精度	正、反磁方位角 (°　′)	平均磁方位角 (°　′)
	往							
	返							
	往							
	返							
	往							
	返							
	往							
	返							
	往							
	返							
	往							
	返							
	往							
	返							
	往							
	返							

教师______________

实验九　全站仪的认识及使用

一、目的和任务、要求

(1)熟悉全站仪的基本结构,了解全站仪的用途,基本掌握各主要按键的功能;

(2)每组用全站仪一测回观测水平角、竖直角、距离、高差。

二、仪器设备

每组全站仪1台(附三角架),棱镜2套(附三角架),对中杆1支(可再附棱镜),手钢尺1把,温度、气压计1套,自备2H或3H铅笔1支。

三、实验步骤

先熟悉仪器,了解仪器的主要功能,掌握各主要按键、功能的基本操作,再进行如下的观测工作,其步骤为:

(1)在测站点 O 上安置全站仪,对中、整平,量取仪器高。

(2)在2～3个选定的目标点 A、B、C 上分别架设棱镜,量取镜站高。

(3)用温度、气压计测定温度、气压。

(4)开机进行参数设定,如水平角设定为右旋、竖直角设定为天顶距、测距设定为精测、目标反射设定为棱镜,并将测定的温度、气压按设定方式输入至仪器中。

(5)盘左照准起始方向点 A 处棱镜中心,按零设置功能键,使其读数为 $0°00'00''$,并记录竖盘显示读数。

(6)按测回法水平角观测的步骤,测定各方向值,并同时记录各方向的竖盘显示读数,完成各方向水平角、竖直角一测回的观测工作。

(7)盘左照准 A 处棱镜中心,按测距键进行距离测量,然后按距离、高差转换键,记录显示的斜距、平距、高差等,有的仪器不需要按转换键,而直接在屏幕中显示各数据。

(8)再按测距键1～2次,则斜距或平距、高差共测2～3次,在对应距离的互差不超过3 mm时,取相应斜距、平距、高差的平均值,作为 A 点的对应观测值。

(9)照准 B、C 点,重复(7)、(8)步操作,即测得了 B、C 两点对应的斜距、平距、高差观测值。

(10)将仪器设置为跟踪测量,测距设定为连续形式,照准花杆棱镜,记录屏幕上显示的水平方向、距离、高差。

(11)再沿视线方向移动花杆棱镜,即时观察屏幕上显示数据的变化情况。

四、注意事项

(1)操作前应详细阅读仪器使用说明书。

(2)严格按操作规程操作,发现问题应及时向指导教师汇报,自己不得擅自处理。

(3)测站、各镜站严禁无人值守,以防人、车等撞倒仪器,或风吹倒仪器。

(4)望远镜严禁对向太阳,以防烧毁仪器内部的电子元件。

实验报告9

日期____________　　班级____________　　小组____________　　姓名____________

实验项目	全站仪的认识及使用	成　　绩	

全站仪的认识及使用记录

测站	竖盘位置	目标	水平盘读数	半测回水平角	一测回水平角	竖盘读数	半测回竖直角（°　′）	一测回竖直角（°　′）	水平距离
	左								
	右								
	左								
	右								
	左								
	右								
	左								
	右								
	左								
	右								
	左								
	右								

教师________________

实验十　全站仪坐标测量

一、目的和任务、要求

(1)掌握全站仪坐标测量时输入起始数据的方法;
(2)掌握全站仪坐标测量方法。

二、仪器设备

每组全站仪1台(附三角架),棱镜2套(附三角架),对中杆1支(可再附棱镜),手钢尺1把,温度、气压计1套,自备2H或3H铅笔1支。

三、实验步骤

(1)在测站点 A 安置仪器,瞄准后视点 B;
(2)通过操作面板输入:A 点坐标(x,y,H),后视点坐标 $B(x,y,H)$,仪器高 i;
(3)转动照准部瞄准 B 点,由显示屏读取 B 点坐标(x,y,H)。

四、注意事项

(1)输入初始数据时应仔细认真,以免输错;
(2)全站仪属精密仪器,要轻拿轻放。

实验报告 10

日期______________　　班级______________　　小组______________　　姓名______________

<table>
<tr><td>实验项目</td><td>全站仪坐标测量</td><td>成　　绩</td><td></td></tr>
<tr><td colspan="4">全站仪坐标测量
测站：x：　y：　H：　　后视：x：　y：　H：　　仪器高i：</td></tr>
</table>

测站	目标	坐标		高程（m）	备注
		x(m)	y(m)		

教师____________________

实验十一　GPS 接收机的认识及使用

一、目的和任务、要求

(1)了解 GPS 接收机的构成,基本掌握 GPS 接收机的功能;

(2)熟悉 GPS 操作手柄(或掌上电脑、主机)各按键功能,了解 GPS 测量的方法及数据处理的方法;

(3)每组完成一个三角形的静态观测和 1 ~2 个点的动态观测。

二、仪器设备

每组 GPS 接收机 3 台套(附三脚架),同步对讲机 3 台,2 m 手钢尺 1 把,斧头 1 把,木桩或钢钉 4 ~5 根,小钉若干,自备 2H 或 3H 铅笔 1 支。

三、实验步骤

在校园内合适的位置(20 m 范围内无高大建筑,周边开阔,无强电磁场干扰或距其 50 m 以外,人流、车流较少等)设定 3 个点,并编号。

(1)在各点均安置 GPS 接收机,对中、整平,量取仪器高。

(2)开机进行参数设定及相关数据输入,如设定静态测量模式、高度截止角、建立文件名、输入点名和仪器高等。

(3)三机观测者通话,同时按静态测量键,进行同步数据采集。

(4)根据 GPS 接收机间的距离大小,确定数据采集时间。若距离较近(100 ~300 m),则采集 30 min;略远(500 ~2 000 m),则采集 45 min。

(5)采集时间到时,三机观测者通话,存储数据,终止采集。

以上为静态数据采集。其下两步为动态数据采集或实时定位,即:

(6)将置于已知点的那台具有基准站功能的 GPS 接收机设为基准站(若无已知点,可将其中一台具有基准站功能的接收机设为基准站,已知点坐标可设为 $x=500.000$、$y=800.000$,高程视位置而大致设定),输入坐标、高程、仪器高数据,连接好数传电台,启动基准站,若观察其已向外发射数据,则设定完毕。

(7)将其中一台 GPS 接收机作为流动站,并设定为 RTK 作业模式,设置文件名。在宽阔的地方竖立流动镜杆,当接收各参数达到要求时,锁定数据;在设立的文件名中,输入点名、镜杆高,存储点位数据。如此,再实时定位其他各点。

将 GPS 操作手柄,或掌上电脑、主机与装有数据通信、解算软件的计算机相连,进行三角形数据解算及点位解算。同时,将 RTK 测定的点位信息传输至计算机。最后,打印输出观测成果。

四、注意事项

(1)操作前应详细阅读仪器使用说明书。

(2)注意测站编号设置、时段设置、有效卫星个数及信噪比。

(3)数据采集期间,严禁碰动仪器和乱按各功能键,以防采集终止及损坏设备。

实验报告 11

日期____________　　班级____________　　小组____________　　姓名____________

实验项目	GPS 接收机的认识及使用	成　　绩	

1. GPS 接收机的组成及主要功能

GPS 接收机的组成	主要功能、用途
1.	1.
2.	2.
3.	3.
4.	4.
	5.

2. 静态观测的主要步骤

3. RTK 观测的主要步骤

4. 数据处理成果及 RTK 定位观测成果

（将静态处理成果、RTK 定位成果打印，并附于实验报告后）

教师____________

实验十二　三、四等水准测量

一、目的和任务、要求

(1)掌握三、四等水准测量的观测、记录、计算方法；

(2)熟悉三、四等水准测量的主要技术指标，掌握双面尺法测站检核和水准路线检核的方法；

(3)每组用三等水准测量方法，进行一条不小于 300 m 长的闭合水准路线，或 2 个相邻水准测段(每段长不小于 120 m)的观测工作；

(4)相邻两水准点间必须往返观测，三等水准测量每测站的观测程序为"后(黑) - 前(黑) - 前(红) - 后(红)"，三、四等水准测量的主要技术要求见下表。

三、四等水准测量的主要技术要求

等级	视线长度(m)	前后视距差(m)	前后视距累积差(mm)	视线距地面高度(m)	黑红面读数差(mm)	黑红面高差之差(mm)	往返较差、附合或环线闭合差
三	75	3	6	0.3	2.0	3.0	$\pm 12\sqrt{L}$或$\pm 4\sqrt{n}$
四	100	5	10	0.2	3.0	5.0	$\pm 20\sqrt{L}$或$\pm 6\sqrt{n}$

二、仪器设备

每组水准仪 1 台(附三脚架)，双面尺 1 对(尺常数 4.687 m、4.787 m)，尺垫 2 个，记录板 1 块，斧头 1 把，木桩、铁钉 3 ~6 根，自备 2H 或 3H 铅笔 1 支。

三、实验步骤

(1)按要求布设闭合水准路线，或布设 2 个相邻的水准测段，钉桩及钉标志点位，并编号。每两个水准点间观测，一般需要偶数站结束。拟定水准路线，进行各站观测。

(2)三等水准测量每测站的观测程序如下：

①照准后视尺黑面，读取上丝、下丝读数，若视距不超限，精平，读取中丝读数，且其与上丝、下丝读数的平均值的互差满足要求(一般为 3 mm)。

②照准前视尺黑面，读取上丝、下丝读数，在视距、前后视距差、视距累积差不超限时，精平，读取中丝读数，且其与上丝、下丝读数的平均值的互差满足要求。

③照准前视标尺红面，精平，读取中丝读数，且黑红面读数差满足要求。

④照准后视标尺红面，精平，读取中丝读数，且黑红面读数差满足要求。

测站观测完毕，记录员应立即检查各项限差是否超限。若超限，注明原因，属于观测因素的，应立即重测。若迁站后再发现错误，则应从水准点或间歇点起，重新观测。

四等水准测量每测站的观测顺序可按三等的方法观测，也可按"后(黑) - 后(红) - 前(黑) - 前(红)"的观测程序进行观测。

(3)整条路线或测段观测完毕，进行高差和视距检核，计算往返测高差及互差。若为闭合环线，还需计算环线闭合差。如互差或环线闭合差超限，应检查原因，必要时重测。

四、注意事项

(1)每站观测完毕，只有各项检核项符合规范规定时，方可搬站。若超限，立即重测。

(2)仪器未搬站，后尺不可移动；仪器搬站，前尺不可移动；转点处，需放置尺垫。

(3)每测站必须按观测程序观测，每测段必须往返观测。

实验报告 12

日期＿＿＿＿＿＿　　班级＿＿＿＿＿＿　　小组＿＿＿＿＿＿　　姓名＿＿＿＿＿＿

实验项目	三、四等水准测量	成　　绩	

三、四等水准测量记录表

测站编号	点号	后尺 下丝	前尺 下丝	方向及尺号	标尺读数（m）		（K＋黑）－红（mm）	高差中数	备　注
		后尺 上丝	前尺 上丝		黑色面	红色面			
		后视距	前视距						
		视距差 d	$\sum d$						
		（1）	（4）	后	（3）	（8）	（13）	（18）	K_1:
		（2）	（5）	前	（6）	（7）	（14）		K_2:
		（9）	（10）	后－前	（16）	（17）	（15）		
		（11）	（12）						
				后					
				前					
				后－前					
				后					
				前					
				后－前					
				后					
				前					
				后－前					
				后					
				前					
				后－前					
				后					
				前					
				后－前					

教师＿＿＿＿＿＿＿＿

实验十三　碎部测量

一、目的和任务、要求

(1)熟悉用经纬仪测绘法测绘大比例尺地形图的基本作业过程;

(2)在实地练习地物、地貌特征点的选择;练习勾绘地物或等高线的基本方法;

(3)每组测绘一幅 1:500 比例尺的地形图,幅面为 40 cm×40 cm。

二、仪器设备

每组 DJ_6 经纬仪 1 台,小平板 1 块(附三脚架),标尺 1 根,花杆或测钎 1 根,皮尺或钢尺 1 把,2 m 手钢尺 1 把,量角器 1 支,记录板 1 块,绘图纸或聚酯薄膜 1 张,测针 1 根;自备 3H 或 4H 铅笔、橡皮、三角板、计算器等。

三、实验步骤

(1)在指定测区内选定一通视良好的点 A 作为测站(假定 A 点的高程为 50.000 m),在测站 A 安置经纬仪,量取仪器高 i(量至厘米)。

(2)选定较远一地面点 B 作为起始方向(零方向),在 B 点竖立花杆或测钎作为照准标志。经纬仪盘左照准 B 点并将水平度盘配置为 $0°00'00''$。

(3)在测站旁安置小平板,在图纸上适当位置定出 a 点,画出 ab 方向线(只需画出能在量角器上读数的一小段),用小针将量角器圆孔中心钉在 a 点。

(4)标尺员按事先计划好的跑尺路线,选择地形特征点并竖立标尺;观测员瞄准标尺,读出视距、中丝读数、水平度盘读数和竖盘读数。

(5)记录员在碎部测量手簿中记录,并计算出水平距离、高程,告之绘图员。

(6)绘图员转动量角器,使量角器上水平度盘读数的位置,恰好与零方向线划重合;然后,在量角器的该直尺边上,依比例尺刺出碎部点的位置,并以小圆点(ϕ0.15)表示,同时在点的右侧标注其高程(测区高差不大,至厘米位;否则,至分米位)。

(7)同法测出其余碎部点,绘图员要及时绘出地物、等高线,并对照实地进行检查。

(8)A 站结束,若仍有图幅内的地形未测完,可在适当位置处选定支点,类似用测量碎部点的方法在图上定出支点。

(9)在支点置站,以 A 点定向,检测至 A 的距离、高差。其距离较差应不低于 1/150 的精度;高差的较差在不大于等高距(本次实验为 0.5 m)的 1/5(山地为 1/3)时,取往返测高差的平均值来计算支点的高程。然后,检测 A 站测过的 2~3 个明显地物点,其位置偏差应不大于 0.3 mm,高程偏差应不大于 1/5 等高距。若满足要求,按与 A 站相同的方法测定其他碎部点,直至完成规定幅面的碎部测量。

(10)按地形图图式的要求,描绘地物和地貌,并进行图面整饰。

四、注意事项

(1)碎部点的选择要有代表性,点的间距要根据测图要求(图上1.5~2 cm)确定。

(2)图上点数应与记录点数相当;观测过程中要随时检查定向情况;注记字头朝北。

(3)注意量角器的正确使用方法;应尽可能采用可编程计算器进行计算。

实验报告 13

日期________ 班级________ 小组________ 姓名________

实验项目	碎部测量	成　　绩	

碎部测量记录表

测站：　　零方向：　　测站点高程 H：　　仪器高 i：　　指标差 x：

测点	水平角 (° ′)	标尺读数(m)			视距间隔 (m)	竖直角		高差 (m)	水平距离 (m)	测点高程 (m)	备注
		上丝	下丝	中丝		竖盘读数 (° ′)	竖直角 (° ′)				

教师________

实验十四　点位测设的基本方法

一、目的和任务、要求

(1)巩固极坐标法测设点位的原理,提高"测、算、放"的基本能力;

(2)掌握极坐标法测设点位的放样元素计算、实地测设与检核的方式、方法;

(3)每组完成一个矩形建筑物4个角点的测设,并检查其位置正确:点位检查偏差的容许值为2 cm,边长检查偏差的相对误差为1/1 000。

二、仪器设备

每组DJ_6经纬仪1台(附三脚架),DS_3水准仪1台(附三脚架),水准尺1把,30 m或50 m钢尺1把,花杆1根,斧头1把,木桩4个,测针4根,红、蓝铅笔各1支,计算器1台,小钉若干,自备2H或3H铅笔1支。

三、实验步骤

(一)点的平面位置测试

(1)图2-4中,设A、B为已知点,1、2为待测设计算测设数据β_A、D_{A1};β_B、D_{B2}。

(2)选择较平坦的场地,在地面钉出A点,用钢尺量出D_{AB}长,钉出B点。

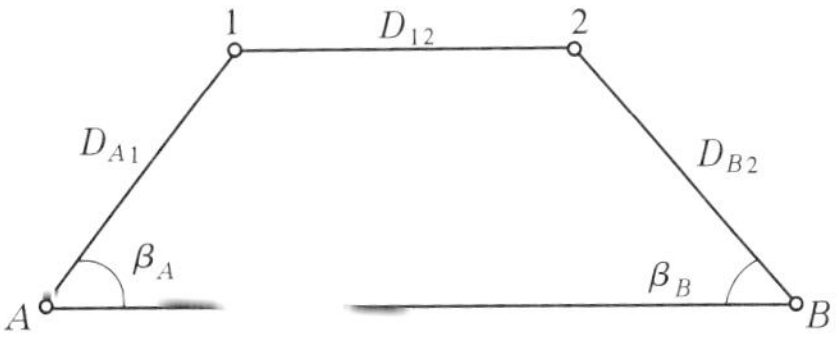

图2-4

(3)在A点安置经纬仪,盘左瞄准B点,度盘配置0°00′00″,顺时针方向转动照准部至读数$360° - \beta_A$,在视线方向钉出1′点;盘右同法钉出1″点,如果两点不重合,则取其中点,在此方向线上用钢尺测出D_{A1}长钉出1点位置。

(4)在B点设站,同法测设出2点位置。用钢尺丈量D_{12}长,以此作为检核是否达到规定精度要求。

(二)点的高程测设

(1)设M点高程已知,在教学楼A处钉设立木桩,测设设计高程(见图2-5)。

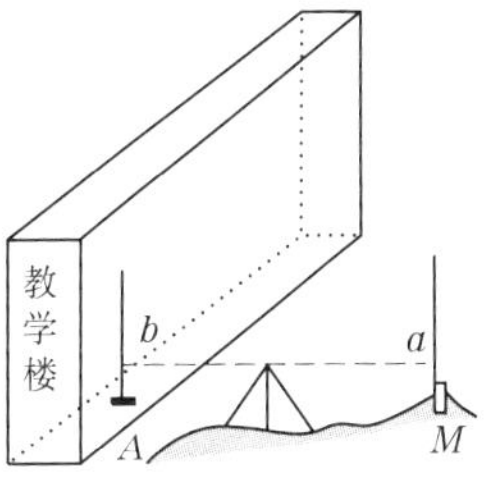

图2-5

(2)安置水准仪距M、A点等距处,读取M尺读数a,根据已知M、A点高程,计算A点的应读数$b_{应}$。

$$b_{应} = H_m + a - H_A$$

(3)将水准尺紧贴A处的木桩,上下移动。当中丝对准$b_{应}$读数时,沿尺底面在木桩画"-"即为测设的高程位置。

四、注意事项

（1）测设数据经校核无误后才能使用。

（2）测设完后，应进行检核，检核 D_{12} 的相对误差不超过 1/1 000；检测 H_A 不应超过 ±8 mm，否则应重新测设。

实验报告14

日期____________ 班级____________ 小组____________ 姓名____________

实验项目	点位测设的基本方法	成　　绩	

1. 点的平面位置测设数据计算

测站		定向点		测设点		反算坐标方位角		水平角		水平距离（m）	备注
点名	坐标 x/y（m）	点名	坐标 x/y（m）	点名	坐标 x/y（m）	站→向（° ′ ″）	站→设（° ′ ″）	拨向	角值（° ′ ″）		

2. 点的高程测设数据计算

后视点			视线高程（m）	测设点			备注
点名	高程（m）	后视读数		点名	设计高程或高差（m）	测设读数	

3. 检核

距离：　　　　　　　　　　　　　高程：

教师____________

实验十五　单一圆曲线测设

一、目的和任务、要求

（1）学会计算圆曲线元素、圆曲线主点里程的方法。

（2）学会测设圆曲线主点的方法和用切线支距法、偏角法测设曲线细部点的方法。

（3）每组测设一条圆曲线的主点；选择切线支距法或偏角法测设整条圆曲线，或分别用两种方法各测设半条圆曲线。

（4）曲线测设精度要求：细部点纵向误差的限差为 $L/2\,000$，横向误差的限差为 ± 10 cm。

二、仪器设备

每组经纬仪 1 台（附三脚架），30 m 或 50 m 钢尺 1 把，斧头 1 把，花杆 2 根，测钎 3 支，木桩、小钉、红布条若干，计算器 1 台，自备 2H 或 3H 铅笔 1 支。

三、实验步骤

（一）已知数据

圆曲线的半径 $R=300$ m，线路右偏角 $\alpha_{右}=10°40'$，交点 JD 的里程为 $K5+212.31$。测设的细部点间距 $l=10$ m。

（二）圆曲线元素、测设元素计算

（1）依据曲线半径 R、线路偏角 $\alpha_{右}$、交点里程 JDK，计算圆曲线元素 T、E、L、D 和各主点的里程，如图 2-6 所示。

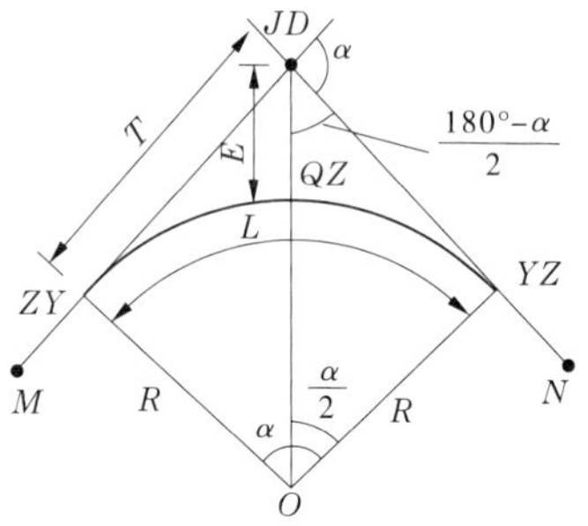

图 2-6

（2）依据 ZY、YZ 点的里程，确定用整桩号法（中桩里程为 10 m 的整倍数）测设距 ZY 或 YZ 点第一个细部点的桩距、里程。

（3）计算用切线支距法测设半条圆曲线上各点的坐标 x_i、y_i，如图 2-7 所示；计算用偏角法测设另半条圆曲线上各点的偏角 Δ_i，如图 2-8 所示。

（三）实地测设

1. 主点测设（见图 2-6）

（1）在现场合适位置处，选定 JD 点的位置和线路方向，并钉桩及小钉标志。

（2）在 JD 点安置经纬仪，以选定的线路方向为线路直线方向，用正倒分中法依据线路偏转的方向及角值，测设出线路偏转后的方向及 QZ 点的方向，并钉桩及小钉标志。

（3）分别沿所定的线路直线方向（两个）量切线长 T，定出 ZY、YZ 点；沿所定的 QZ 点方向量外矢距 E，定出 QZ 点。各主点桩在标定时，应在木桩或红布条上标示桩号。

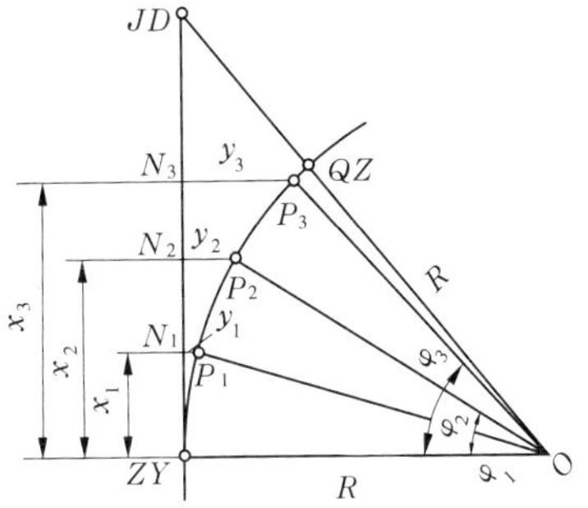

图 2-7

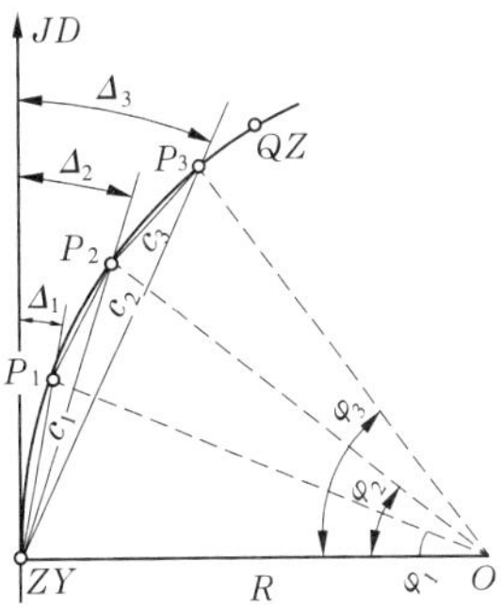

图 2-8

2. 切线支距法测设(见图 2-7)

(1)仪器不动,仍在 JD 点,照准 ZY 点,并从 ZY 点起沿视线方向,依次量距 x_1、x_2、…,设定 N_1、N_2、…各点。

(2)将仪器迁至 N_1 点,以 JD 点定向,转 90°角定出支距方向,沿此方向量距 y_1,标定细部点 P_1 及标示桩号。

(3)将仪器迁至 N_2、N_3、…各点,以 JD 点或 ZY 点定向(选择长边定向),同上面第(2)步,定出 P_2、P_3、…各点,并同时标示桩号。

(4)用钢尺检查相邻两点的间距,检测值与理论值(可视为 10 m)之差应不大于 ±5 mm(可适当放宽至 ±8 mm)。若超限,分析错误或误差大的点位,给以纠正。至此,半条圆曲线测设完毕。

(5)照准 YZ 点,重复上述步骤,可测设出另半条圆曲线。那么,整条圆曲线用切线支距法测设完毕。

3. 偏角法测设(见图 2-8)

(1)将仪器迁至所放的 ZY 点,以 JD 定向,度盘置 0°00′00″。

(2)正拨偏角 Δ_1,并延视线方向量长 c_1(因用整桩号法,其值不是 10 m),得 P_1 点,钉入木桩及小钉,并标示桩号。

(3)正拨偏角 Δ_2,由 P_1 点量长 l(10 m),并使得端点在视线方向上,得 P_2 点,钉入木桩及小钉,并标示桩号。

(4)按上述方法测设其他点至 QZ 点(QZ′点),并钉入木桩及小钉,标示桩号。

(5)量取细部测设的 QZ′点与主点测设时的 QZ 点的位移 f,其横向(半径方向)偏差不许超过 0.1 m、纵向(切线方向)偏差不许超过 $L/1\,000$,L 为测设的曲线长度。

(6)若未符合要求,检查原因,予以纠正。若符合要求,需对已测设的各细部点进行修正,修正量值为 $\delta_i = \dfrac{f}{L} l_i$,方向为平行于 QZ′点至 QZ 点的方向;按移动方向及量值,将桩位移至正确的位置,如图 2-9 所示。至此,半条圆曲线测设完毕。

(7)将仪器迁至 ZY 点,以 JD 定向,按上述测设、检查、修正点位的方法,即可测设出另半条圆曲线;但要注意,在这半条曲线上测设时,拨角方向是反拨角方向。那么,整条圆曲线用偏角法测设完毕。

四、注意事项

(1)一定要选择在开阔地带进行实验,以防树、房子、墙等阻碍,而耽误时间。

(2)在实验前,务必计算好测设元素,并认真检查、核对,以防现场工作紊乱和浪费时间。现场经常要复核、计算数据,应带好计算器。

(3)曲线细部点测设完后,必须进行检查,只有符合要求,工作才能结束。否则,必须查明超限原因,对已测点位给以纠正或修正。

(4)建议半条圆曲线用切线支距法测设,另外半条圆曲线用偏角法测设。

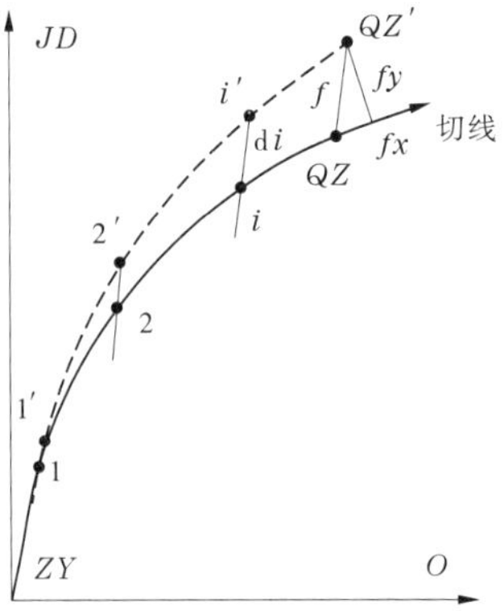

图 2-9

实验报告 15

日期____________ 班级____________ 小组____________ 姓名____________

实验项目	单一圆曲线测设	成　绩	

1. 圆曲线元素及主点里程计算（$R=300$ m，$\alpha_{右}=10°40'$；JD　K5 +212.31）

2. 整桩号法测设圆曲线上各细部点的放样元素计算

点名	曲线长（m）	里程桩号	切线支距法（$l=10$ m）			偏角法（$l=10$ m）		
			x（m）	y（m）	备注	测站	偏角 Δ_i	备注
ZY								

3. 测设后的检测数据及结论

桩距检查（切线支距法、偏角法均适用）					
邻桩号 1	邻桩号 2	桩号差	检测桩距	较差（mm）	备注

偏角法 QZ 点符合情况		
ZY ↓ QZ	fy（cm）	
	fx（cm）	
	相对精度	
	备注	
QZ ↑ YZ	fy（cm）	
	fx（cm）	
	相对精度	
	备注	

检查结论：

教师________________

实验十六　线路纵、横断面水准测量

一、目的和任务、要求

（1）加强对中视水准测量的理解，掌握纵、横断面水准测量的方法。

（2）每组用中视法测量一条 200～250 m 长的直线段线路各中桩点的地面高程；1～2 个中桩的横断面（每侧宽 15～20 m）；并绘制纵、横断面图。

（3）测量精度要求：中视点高程测量误差的限差为 ±10 cm；线路中桩水准测量，构成附合水准路线闭合差的限差为 $\pm 50\sqrt{L}$（L 以 km 为单位）。

二、仪器设备

每组 DS_3 水准仪 1 台，水准尺 1 根，尺垫 2 个，皮尺 1 把，木桩若干，斧头 1 把，记录板 1 块，方向架 1 个，自备 2H 或 3H 铅笔 1 支。

三、实验步骤

（一）纵断面水准测量

（1）选定一条长为 200～250 m 的路线，沿线要有一定的坡度。

（2）选定起点，桩号为 0＋000；从起点开始，沿线每 50 m 用皮尺量距，钉设里程桩，并在坡度变化处钉加桩。无论整桩还是加桩，均应按里程编号。

（3）根据附近的已知水准点，用水准仪将其高程引测至 0＋000 桩号。

（4）仪器安置在适当的位置，后视 0＋000 桩号的水准尺，前视转点 TP_1（读至 mm），然后依次在本段各中桩地面上立尺，读数（中视读数，读至 cm）。

（5）仪器搬站，后视 TP_1，前视 TP_2；中视其段内中桩，读数。

按同样方法施测，直至线路终点，并附合到另一水准点，则纵断面水准测量结束。

（二）横断面水准测量

选定 1～2 个横向变化较大的中桩，在其上设立方向架，并确定与线路垂直的横向方向。从中桩起沿左、右两侧的横断面方向，用皮尺量取 20 m 内的各坡度变化点的距离（读至 dm），并用水准仪测定其高程（读至 cm）。

（三）绘制纵、横断面图

纵断面图的水平距离比例尺为 1∶2 000，高程为 1∶200；横断面图的水平距离和高程比例尺均为 1∶200。

四、注意事项

（1）因中视点读数无检核，故读数、计算应认真细致。计算中视点高程时的视线高，取用后视点的视线高。

（2）横断面水准测量与绘图应分清左、右两侧。

（3）线路附合高差闭合差不应大于 $\pm 50\sqrt{L}$（L 以 km 为单位），在允许范围内时不必进行调整。否则应重测。

实验报告 16-1

日期＿＿＿＿＿＿　　班级＿＿＿＿＿＿　　小组＿＿＿＿＿＿　　姓名＿＿＿＿＿＿

实验项目	线路纵、横断面水准测量	成　　绩	

1. 线路纵断面水准测量记录表

测站	桩号	水准尺读数			高差		视线高程（m）	高程（m）
		后视	前视	中间视	±	（m）		
验算								

教师＿＿＿＿＿＿＿＿

实验报告 16-2

日期____________ 班级____________ 小组____________ 姓名____________

实验项目	线路纵、横断面水准测量	成　　绩	

2. 线路横断面水准测量记录表

测站	桩号	水准尺读数			视线高程（m）	高程（m）	备　注
		后视	前视	中间视			

教师________________

第3部分　测量教学综合实习

该实习是继《土木工程测量》课程理论教学结束后，进行的测量综合性实践教学活动。通过测量教学综合实习，可以了解测量工作的全过程，消化、理解、巩固理论知识，使“测量、计算、绘图、放样”这四项基本能力得以加强和提高，为后期专业课程的学习或今后解决实际工程中有关测量问题打下坚实的基础。

一、目的与要求

(1)培养学生综合应用测量理论知识分析和解决实际问题的能力。

(2)了解大比例尺地形图测绘的外业和内业工作。通过实习的全过程，提高测量仪器的操作能力、施测计算能力和绘图能力，加深理解测量工作的原则和步骤。

(3)掌握施工测设的基本方法。

(4)树立执行规范意识，严肃作业规程，提高规范性的数据采集、处理能力及对测量成果、资料管理的初步能力。

(5)锻炼和提高学生在实际工作中，分析、解决问题的应用能力；提高技术总结报告或实习报告的编写能力。

二、准备工作

(一)实习动员

由指导教师负责召集学生讲明实习的重要性和必要性。介绍实习场地情况，实习任务和计划，实习纪律，分组名单，借领仪器、工具办法和损坏、丢失的赔偿规定，指出实习注意事项等，以保证实习的顺利进行。

(二)仪器设备、物品配备

实习期间，给每组配备的仪器设备、物品有：J_6 经纬仪1台(若是电子经纬仪，必须有备用电池)，S_3 水准仪1台，3 m水准尺1副，30 m或50 m钢尺1把，程序型计算器1台，斧子1把、小测伞1把，花杆1～3根，测钎2～3支，图板1～2块、图示1本、量角器1个，记录板1块，红油漆1小桶，记号笔1支，毛笔1支，聚酯薄膜1张，透明纸1张，木桩、小铁钉或钢钉、线绳等若干。

除了给每组配备的仪器设备、物品外，另外应给每班配备全站仪1～2台(套)和其他一定数量的耗材，由指导教师负责管理或指定专人管理。

三、实习内容

(一)大比例尺地形图测绘

测图面积为200 m×250 m或250 m×250 m，测图比例尺为1∶500，等高距为1 m。

1. 图根控制测量

(1)选点及设点:在选定的测区内选定 4 ~8 个图根控制点,如果测区内有已知控制点,可布设成附合或闭合导线形式作为平面控制网;若无已知控制点则可用独立坐标系,按闭合导线的形式布设平面控制网。根据测图需要,还可增设支导线点或交会定点等方法加密控制点。选定的控制点用小木桩或钢钉钉入地面作为点的标志,用油漆将点的编号写在地面上或木桩上,并绘出选点草图。

(2)量距:导线各边边长可用钢尺丈量或用测距仪测量。若用钢尺丈量,其丈量精度应满足的条件是:$\frac{|D_{往}-D_{返}|}{\overline{D}}\leqslant\frac{1}{3\ 000}$,若地面坡度 $i\geqslant\frac{1}{100}$,要进行倾斜改正。

(3)测角:用 DJ_6 型经纬仪,采用测回法一测回测定导线的各转折角,限差要求:①上、下半测回角值之差 $\Delta\beta\leqslant\pm40''$;②角度闭合差的容许值 $f_\beta\leqslant60''\sqrt{n}$ 或 $40''\sqrt{n}$。

(4)联测:图根导线要与测区内或附近的高一级控制点联测,以获得起算数据,联测精度同上。若无条件联测,用罗盘仪测定导线起始边的磁方位角并假定起始点的坐标作为起算数据(控制点资料由教师提供)。

(5)导线点坐标计算:导线全长相对闭合差为 $K\leqslant\frac{1}{2\ 000}$,若不满足要求,应重新观测,满足后再计算导线点的坐标。坐标计算结果取至厘米。

(6)高程测量:高程控制点可由图根导线点兼作,按四等(或图根)水准测量的方法进行。图根控制点的高程由测区或附近的水准点引测(水准点高程由教师提供),若不能引测高程,可采用假定高程。水准路线高差闭合差:四等为 $f_h\leqslant\pm20\sqrt{L}$ mm 或 $\pm6\sqrt{n}$ mm,图根为 $f_h\leqslant\pm40\sqrt{L}$ mm 或 $\pm12\sqrt{n}$ mm,计算结果取至毫米。

2. 测图准备

(1)图纸的准备:选用白纸(聚酯薄膜)测图,图纸大小为 40 cm×50 cm 或 50 cm×50 cm。

(2)绘制坐标方格网:用坐标格网尺绘制 40 cm×50 cm 或 50 cm×50 cm 的坐标方格网,线条粗细为 0.1 mm。方格网的边长误差不超过 ±0.2 mm,对角线长度误差不超过 ±0.3 mm。

(3)展绘导线点:由指导教师根据地形图分幅情况确定图幅西南角坐标值,根据导线点的坐标值展绘导线点。导线点的符号按《地形图图式》规定的符号绘制,展绘的精度要求为相邻导线点间的图上距离与根据相应的坐标值算得的距离比较,其差值不应超过图上 ±0.3 mm。

3. 碎部测量

(1)碎部测量要求:各类建筑物、构筑物及其主要附属设施均应测绘,房屋外廓一般以墙角为准。建筑物、构筑物轮廓凸凹在图上小于 0.5 mm 时,可用直线连接。道路的直线部分每 50 m 测定一个点,转弯部分要按实际情况测定足够的点,电线杆位置均应测绘,电力线、通信线可不连线,仅在杆位或分线处绘出线路方向。行树测出首尾位置,中间用符号表示。地下管线的检查井、消火栓等均应测绘。围墙、栅栏等均应按实际形状测绘。临时建筑物、堆料场、建筑施工开挖区可不测,图上每 4 ~5 cm 应有一个地形点。

(2)测量方法:采用经纬仪测绘法或平板仪测绘法测图。对于建筑物、构筑物等,视线长度最大不超过 80 m,对于其他碎部点可放宽至 120 m,为了与相邻图幅拼接,需测出图边 5 mm。

4. 地形图的绘制

(1)野外绘制:测量碎部点的同时,按图式规定的符号描绘地物,并进行必要的注记。若建筑区自然地势破坏较多,可不绘等高线,只注记地形点的高程,注记至厘米。文字、数字的字头朝北,字体用宋体,字体大小可参考《地形图图式》规定,符号的线条宽度按图式规定,若无要求则为 0.15 mm。

(2)地形图的拼接:相邻的图幅要进行拼接,主要地物拼接误差不应超过 1.2 mm,次要地物不应超过 1.6 mm,等高线拼接误差在平坦地区不应超过 1 根等高线。若符号要求,两幅图边按中间位置修改。

(3)地形图的检查:先进行图面检查,查看图面上接边是否正确、连线是否有矛盾、符号是否用错、名称注记有无遗漏等,发现问题应记录,用于野外检查时核对。野外检查时应对照地形图全面核对,检查图上地物形状、位置是否与实地一致,地物是否遗漏,名称注记是否正确齐全。若发现问题应设站检查或补测。

(4)地形图的修饰:图幅经检查无误后,可以进行清绘,先绘内图廓及坐标格网交叉点(格网交点绘长 1 cm 的十字线,图廓线上则绘 5 mm 短线);再绘控制点、地形点符号及高程注记;其次绘独立地物和居民地,以及各种道路、线路、水系、植被、等高线及各种地貌符号等。使图上的线条、符号注记规范、清晰、美观,然后按《地形图图式》要求进行图廓整饰,注明测图班级、测图成员、测图日期、比例尺、编号、坐标及高程系统等。

5. 上交资料

小组应交控制测量坐标、高程成果表和 1∶500 地形图。

个人交导线坐标计算表、高程误差配赋表。

(二)工程测量

1. 点位测设

本项实习包括点的平面位置和高程测设。在所测的地形图上,选一空地,设计一矩形建筑物,求出建筑物四个角点的坐标,并假定室内地坪高程。按全站仪极坐标法进行建筑物角点的平面位置测设。根据建筑物附近已知高程点,采用测设已知高程的方法将室内地坪位置测设出来。

2. 线路测量

(1)中线测量。根据实际情况,采用现场选线法,定出线路的起点、转折点和终点,各里程桩及加桩距离可用钢尺丈量两次。

(2)圆曲线测设。参照实验十五,首先计算圆曲线要素:切线长 T、曲线长 L、外矢距 E、曲线主点的里程。根据曲线要素,在实地定出曲线起点 ZY、中点 QZ、终点 YZ。曲线上细部点间距为 10 m,采用切线支距法和偏角法(或任选一种方法)测设。注意限差范围。

(3)纵断面水准测量。一般以相邻两水准点为一测段,从已知水准点出发,逐个施测中间各桩地面高程,附合到另一水准点上,其闭合差不得超过 $\pm 50\sqrt{L}$ mm(L 以 km 为单位)。

(4)横断面水准测量。在里程桩(加桩)上,用方向架确定线路的垂直方向。在垂直方向上,用皮尺量取从里程桩到左、右两侧一定范围内(每侧宽 15 m ~ 20 m)各坡度变化点的距离(读至 dm),用水准仪测定其高程(读至 cm)。

(5)绘制纵、横断面图。根据距离和高程,在毫米方格纸上绘制纵、横断面图。有条件的可采用 AutoCAD 绘制。纵断面图的水平距离比例尺可选为 1:2 000 ~ 1:5 000,高程可选为 1:100 ~ 1:200;横断面图的水平距离和高程用相同的比例尺,可选为 1:100 或 1:200。

四、实习时间安排

为了便于各组、各位学生有计划、有组织地进行各阶段的实习,合理的运用时间,依据实习的任务、要求及内容,制定本次实习的日程安排,具体为:

表 3-1 测量实习日程安排表

次序	内容	天数
1	实习动员、布置任务、领借仪器、检校仪器	0.5
2	控制测量外业(选点、测角、量距、测高程)	2.0
3	控制测量内业(坐标计算、高程计算、绘方格网、展点)	1.0
4	碎部测量及地形图整饰	4.0
5	工程测量	1.5
6	总结、考核	0.5
7	机动	0.5
	合计	10.0

附:测量实习记录表、地形图图式、图廓

附录 1　测量实习记录表

距离丈量记录表

日期____________　　班级____________　　小组____________　　姓名____________

线段名称	起讫点号	次数	前尺读数（m）	后尺读数（m）	前 - 后（m）	平均值（m）	线段总长（m）	备注
	——							
	——							
	——							
	——							
	——							
	——							
	——							
	——							
	——							
	——							
	——							
	——							
	——							

测回法观测水平角记录表

日期______________　班级______________　小组______________　姓名______________

测站	竖盘位置	目标	水平度盘读数（° ′ ″）	半测回角值（° ′ ″）	一测回角值（° ′ ″）	备注
	左					
	右					
	左					
	右					
	左					
	右					
	左					
	右					
	左					
	右					
	左					
	右					
	左					
	右					

三、四等水准测量记录表

日期______________ 班级______________ 小组______________ 姓名______________

测站编号	后尺 下丝 / 上丝 后视距 视距差 Δd	前尺 下丝 / 上丝 前视距 累积差 $\sum d$	方向及尺号	水准尺读数 黑色面	水准尺读数 红色面	K + 黑 - 红	高差中数	备　注
			后					
			前					
			后 - 前					
			后					
			前					
			后 - 前					
			后					
			前					
			后 - 前					
			后					
			前					
			后 - 前					
			后					
			前					
			后 - 前					
			后					
			前					
			后 - 前					
			后					
			前					
			后 - 前					

高程误差配赋表

日期__________ 班级__________ 小组__________ 姓名__________

点号	距离(km) 或测站数	平均高差 (m)	改正数 (m)	改正后的高差 (m)	高程 (m)	备注
1	2	3	4	5	6	7

导线坐标计算表

日期____________　　班级____________　　小组____________　　姓名____________

点号	观测角 (° ′ ″)	改正数 (″)	改正角 (° ′ ″)	方位角 (° ′ ″)	距离 (m)	坐标计算量		改正后增量		坐标值	
						Δx (m)	Δy (m)	$\Delta x'$ (m)	$\Delta y'$ (m)	x (m)	y (m)
1	2	3	4 = 2 + 3	5	6	7	8	9	10	11	12

碎部测量记录表

日期______________　　班级______________　　小组______________　　姓名______________

测站　　　　零方向　　　　测站点高程　　　　仪器高　　　　指标差

测点	水平角(° ′)	尺上读数(m)			视距间隔(m)	竖直角		高差(m)	水平距离(m)	测点高程(m)	备注
		中丝	下丝	中丝		竖盘读数(° ′)	竖直角(° ′)				

附录2　常见的地物、地貌符号

1. 常见的地物、地貌符号

编号	符号名称	1:500　1:1 000　1:2 000	编号	符号名称	1:500　1:1 000　1:2 000
1	三角点 凤凰山—点名 394.468—高程	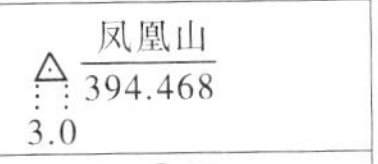	21	支柱(架)、墩 a.依比例尺的 b.不依比例尺的	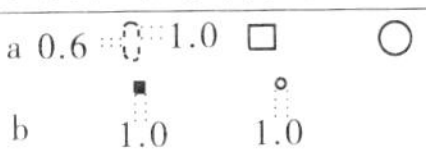
2	导线点 I16—等级、点号	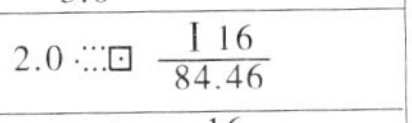	22	围墙 a.依比例尺的 b.不依比例尺的	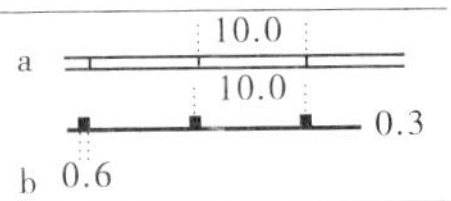
3	埋石图根点	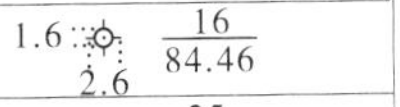	23	栅栏	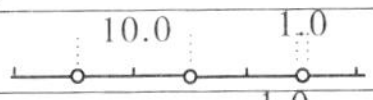
4	不埋石图根点	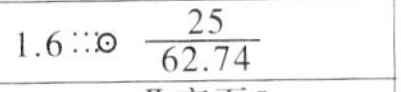	24	铁丝网	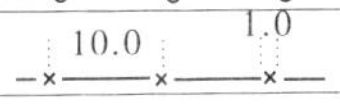
5	高程控制点	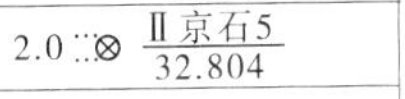	25	篱笆	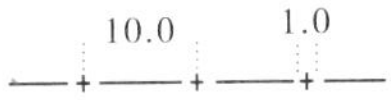
6	GPS控制点 B14—级别、点号	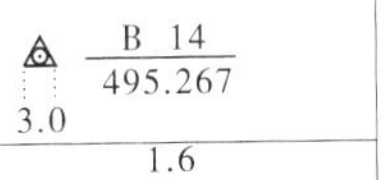	26	活树篱笆	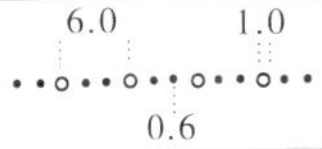
7	般房屋 混—房屋结构 3—房屋层数	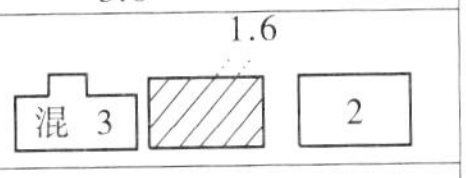	27	铁路 a.依比例尺的 b.不依比例尺的	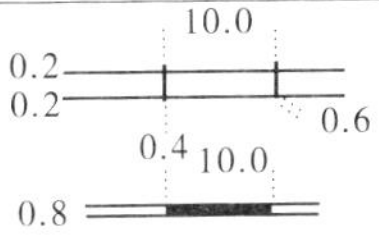
8	简单房屋 建筑中的房屋	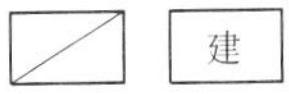	28	电气化铁路 a.依比例尺的 b.不依比例尺的	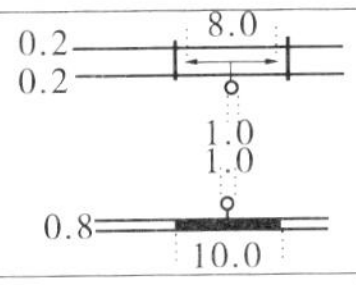
9	破坏中的房屋 棚房	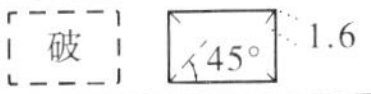	29	等级公路 2—技术等级代码	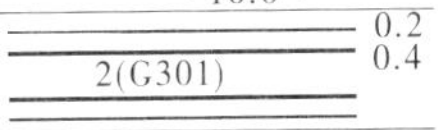
10	架空房屋	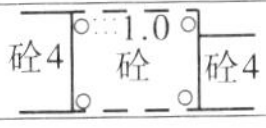	30	等外公路 9—技术等级代码	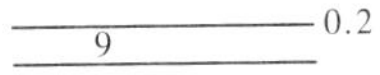
11	廊房		31	建筑中的高速公路	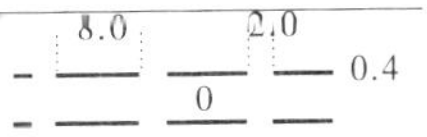
12	门廊	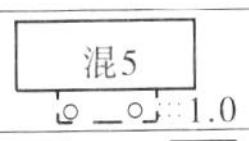	32	建筑中的等级公路	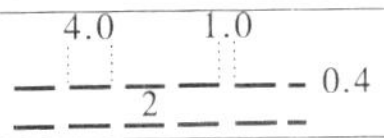
13	悬空通廊	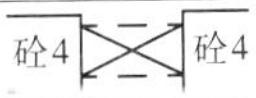	33	建筑中的等外公路	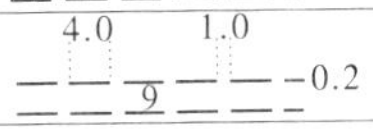
14	建筑物下的通道	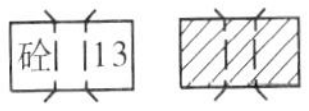	34	大车路、机耕路	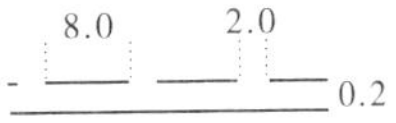
15	台阶	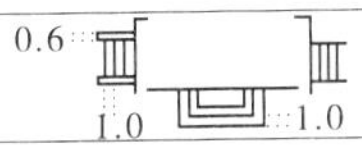	35	乡村路 a.依比例尺的 b.不依比例尺的	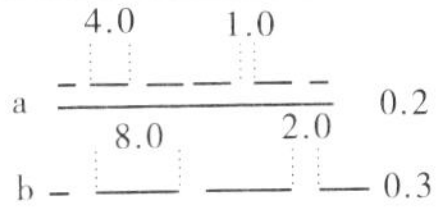
16	室外楼梯	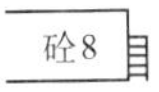	36	内部道路	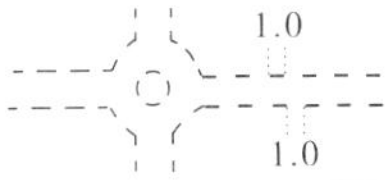
17	地下建筑物的天窗 a.地下室 b.其他通风口	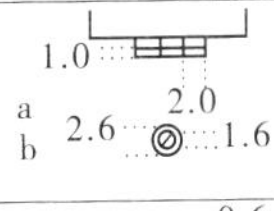	37	小路	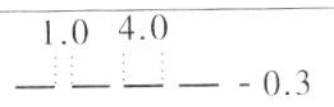
18	院门 a.围墙门 b.有门房的	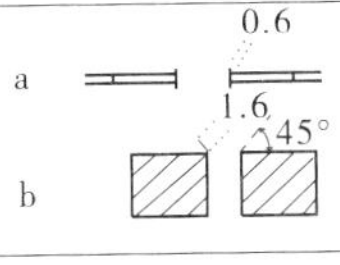			
19	门墩 a.依比例尺的 b.不依比例尺的	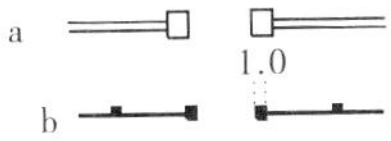			
20	门顶	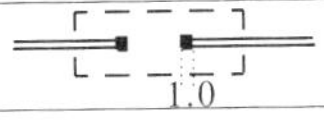			

续表

编号	符号名称	1:500 1:1 000 1:2 000
38	长城及砖石城墙 a.完整的(城门、城楼、台阶) b.破坏的	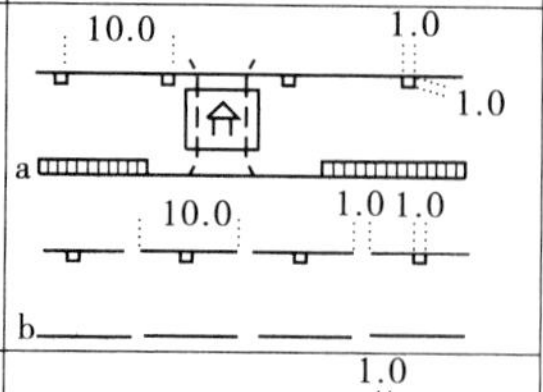
39	阶梯路	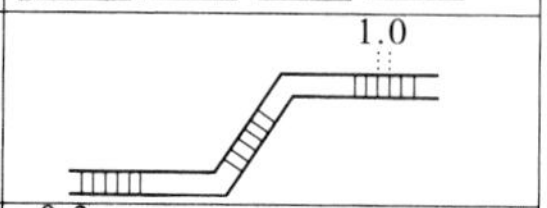
40	高架路	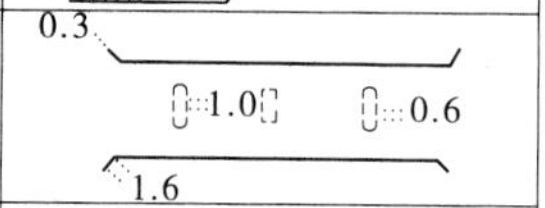
41	挡土墙	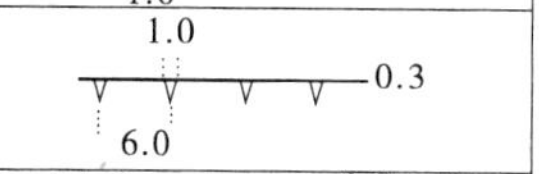
42	a.路标 b.汽车停车站	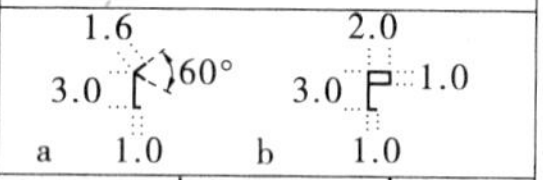
43	铁路桥	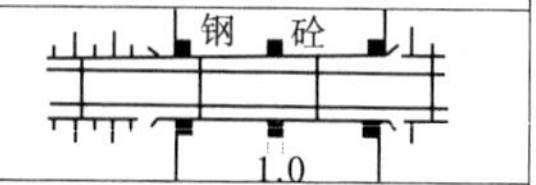
44	一般的公路桥	
45	有人行道的公路桥	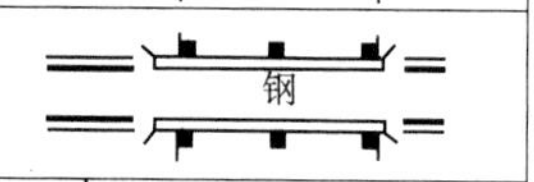
46	双层桥	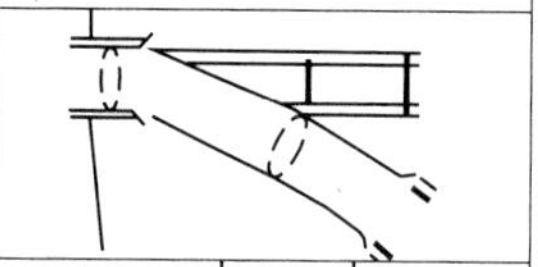
47	人行桥 a.依比例尺的 b.不依比例的	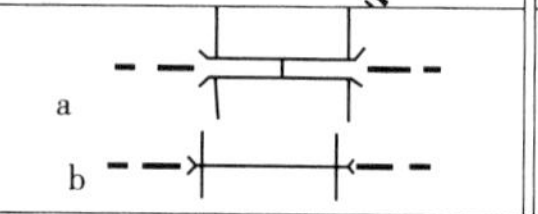
48	铁索桥	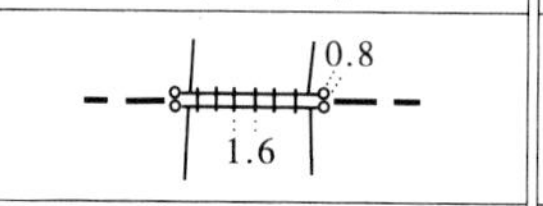
49	亭桥	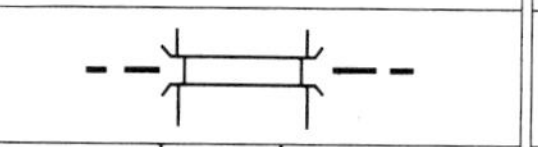
50	渡口	
51	航行灯标 a.灯塔 b.灯桩	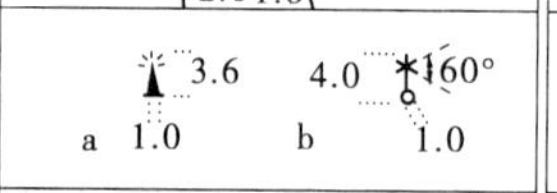
52	a.立杆、岸标 b.信号杆	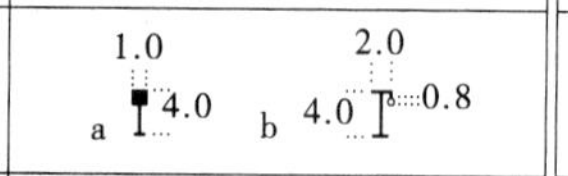
53	a.急流 b.旋涡	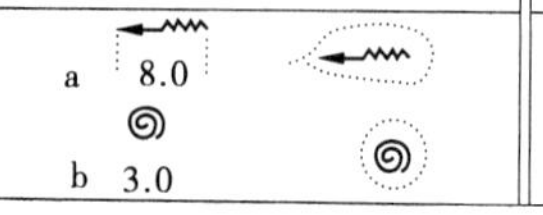
54	a.地面上的输电线和配电线 b.地面下的输电线和电缆标	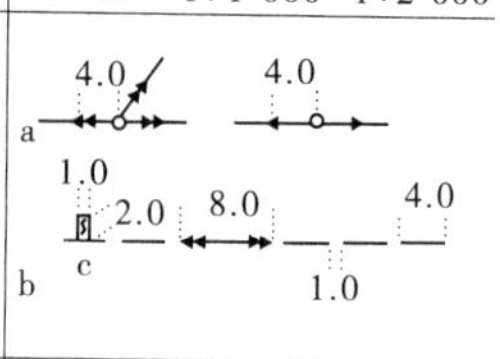
55	a.电杆、电线架 b.依、不依比例的电线塔(铁塔)	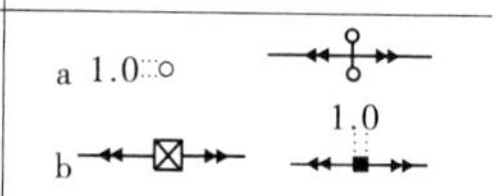
56	a.电线杆上的变压器 b.电线入地口	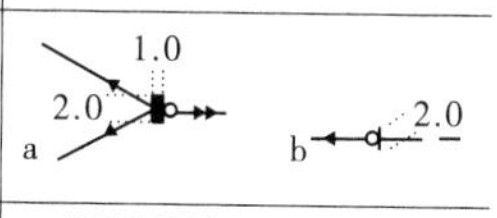
57	配电室(所) a.依比例尺的 b.不依比例尺的	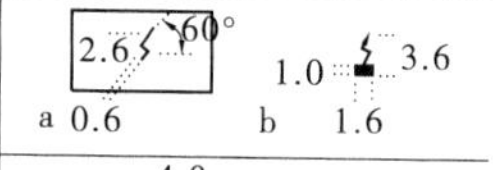
58	地面上的通信线、入地口	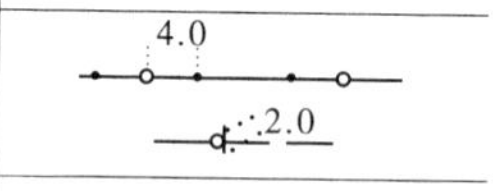
59	地面下的通信线、电缆标	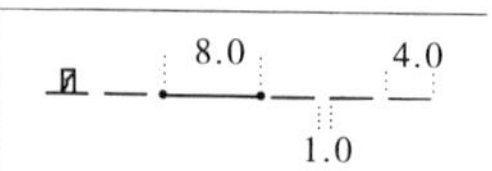
60	有管堤的管线	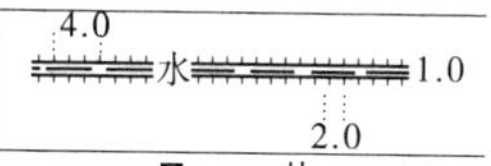
61	架空管线 a.墩架依比例的 b.墩架不依比例的	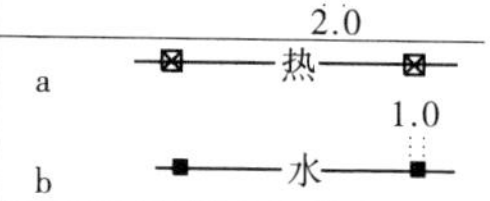
62	a.地面上的管线 b.地面下的管线	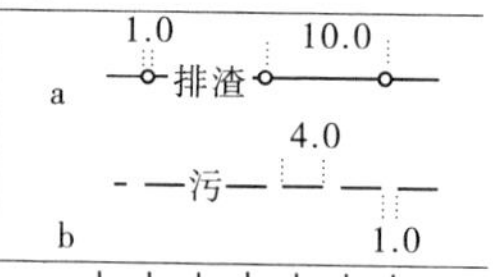
63	有堤岸的单层堤 73.2—堤顶高程 1.2—渠底深度	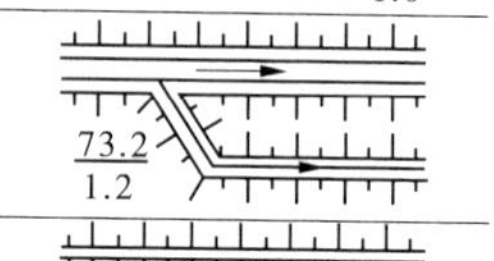
64	有堤岸的双层堤	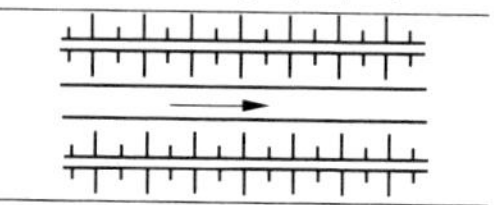
65	沟渠	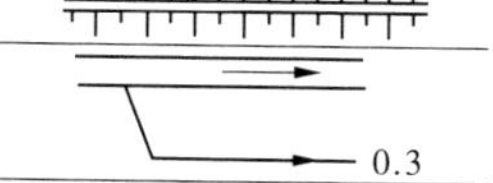
66	有沟堑的沟渠	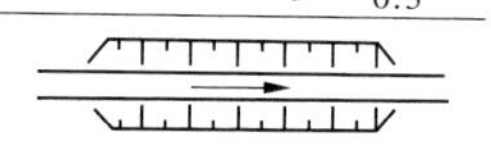
67	池塘	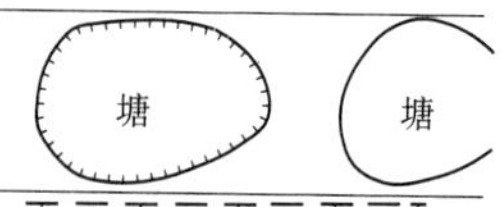
68	干沟	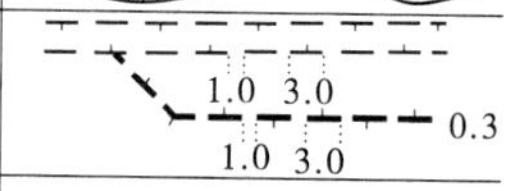
69	地下灌渠及出水口	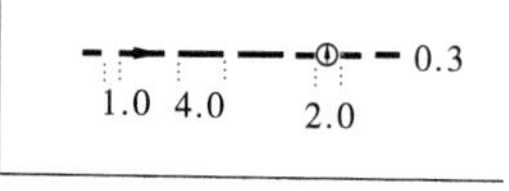

续表

编号	符号名称	1:500 1:1 000 1:2 000
70	拦水坝 85.38—坝顶高程 80—坝长	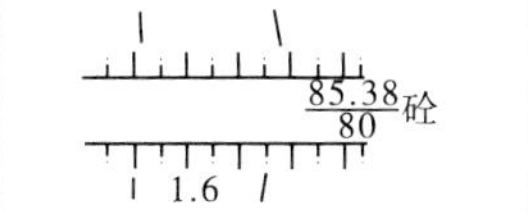
71	有栏杆的防洪墙	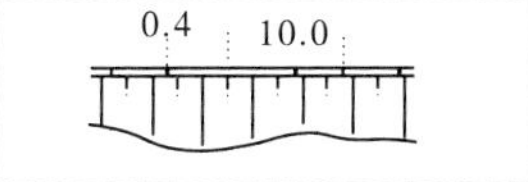
72	栅栏坎防洪墙 a.斜坡式 b.直立式	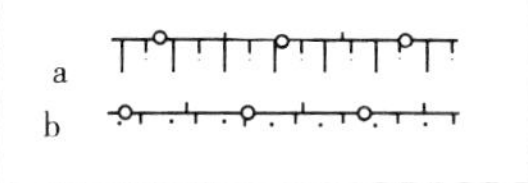
73	土堤 a.堤 b.垅	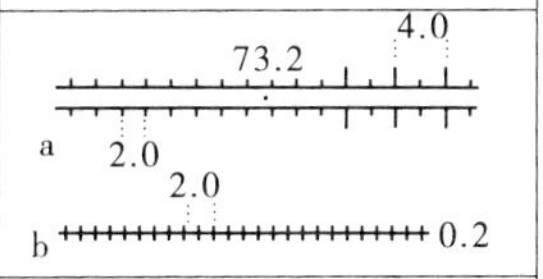
74	依比例尺、不依比例尺的水井 4.2—$h_{地面-水面}$	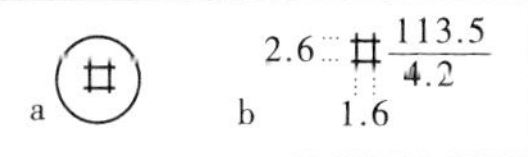
75	水下等深线、等高线 a.首曲线 b.计曲线	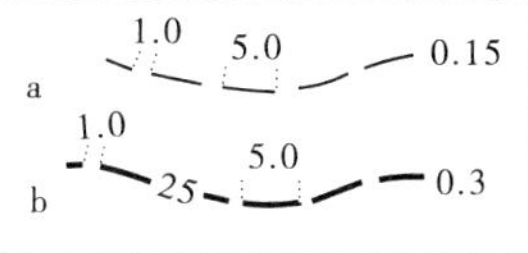
76	国界 (已定界的、未定界的)	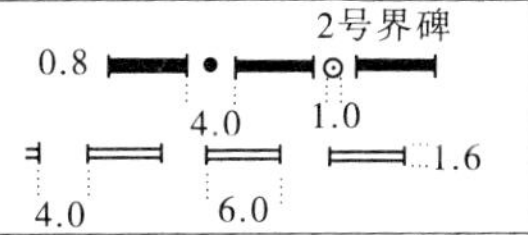
77	省、自治区、直辖市界 (已定界的、未定界的)	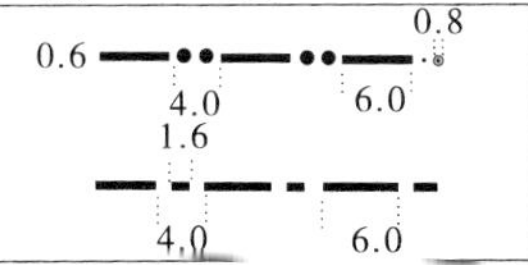
78	地区、自治州、盟、地级市界 (已定界的、未定界的)	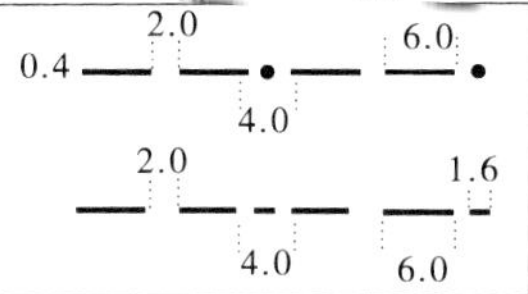
79	县、自治县、旗、县级市界 (已定界的、未定界的)	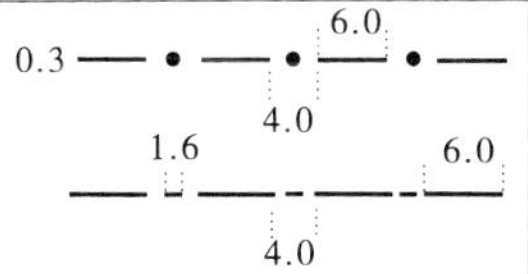
80	乡、镇界 (已定界的、未定界的)	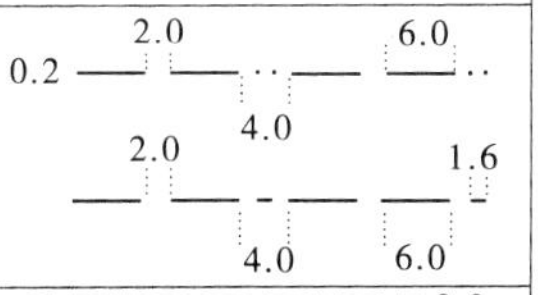
81	村界	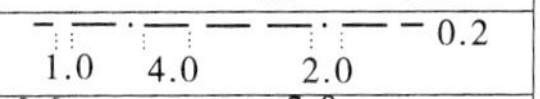
82	特殊地区界	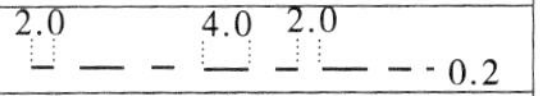
83	自然保护区界	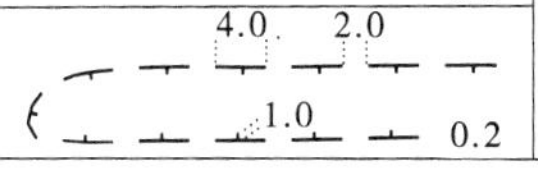
84	高程点 (一般的、特殊的)	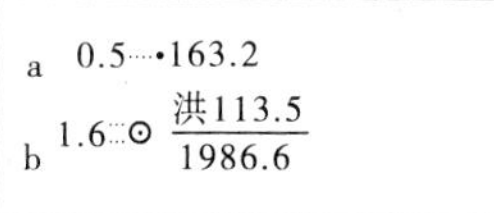
85	斜坡 (未加固的、已加固的)	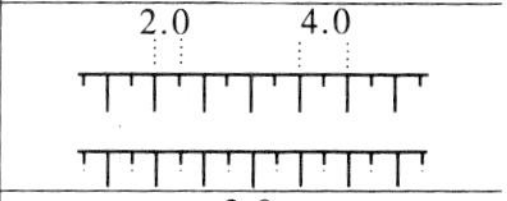
86	陡坎 (未加固的、已加固的)	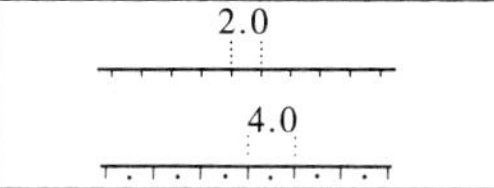
87	土堆 (依、不依比例的,土堆比高)	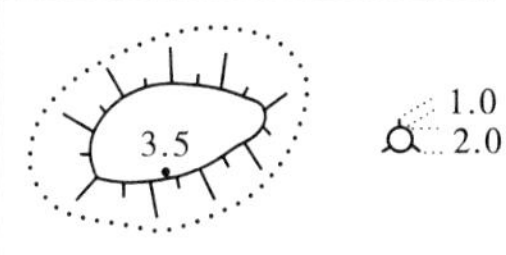
88	石堆、独立石 (依、不依比例的,独立石高)	
89	山洞、溶洞 (依、不依比例的)	
90	石垄 (依、不依比例的)	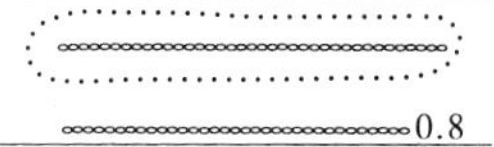
91	坑穴 (依、不依比例的,坑穴深度)	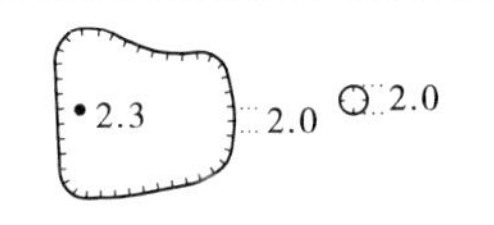
92	乱掘地	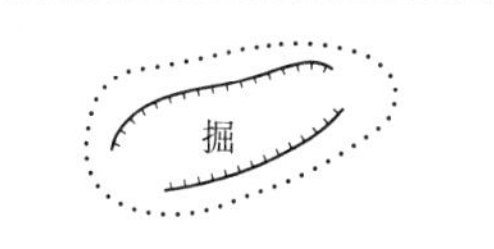
93	稻田	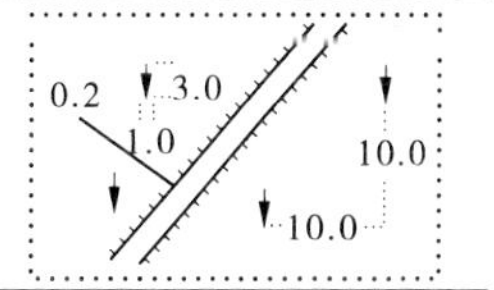
94	旱地	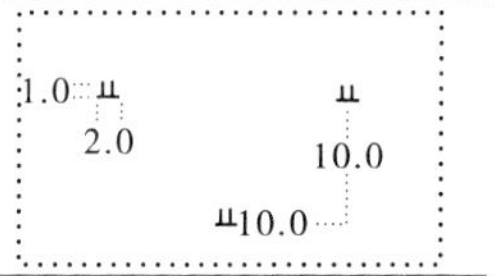
95	菜地	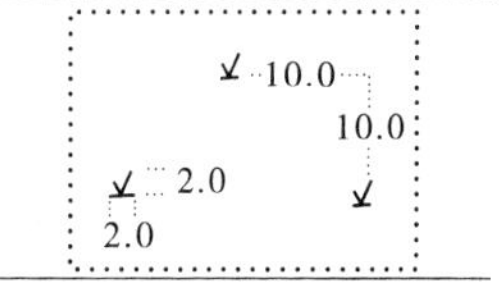
96	果园	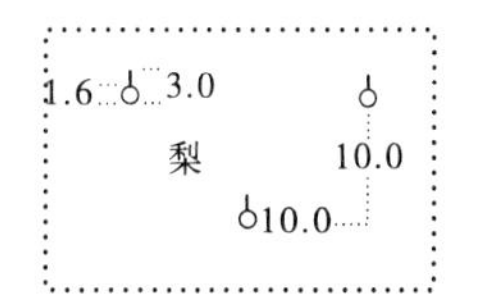

续表

编号	符号名称	1:500 1:1 000 1:2 000
97	茶园	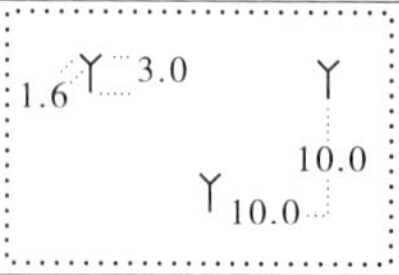
98	其他园地	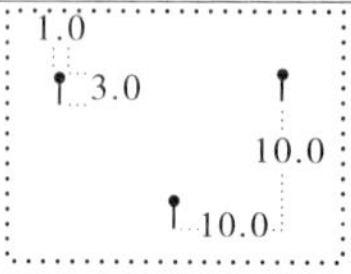
99	有林地	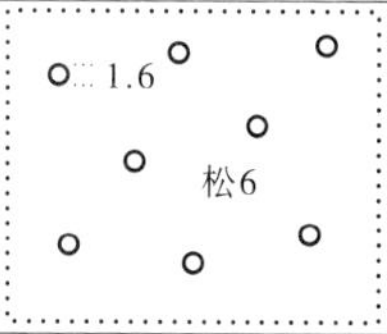
100	灌木丛(大面积的、独立的)	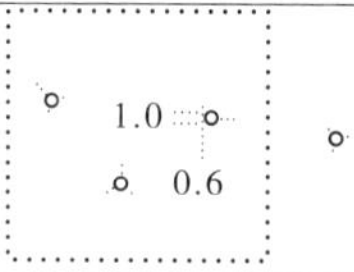
101	狭长灌木丛(密集的、稀疏的)	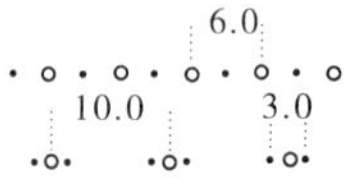
102	疏林	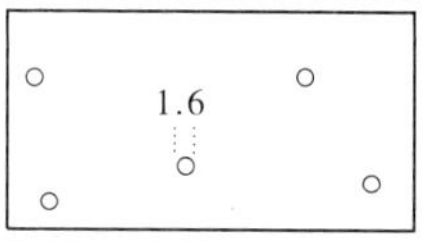
103	未成林	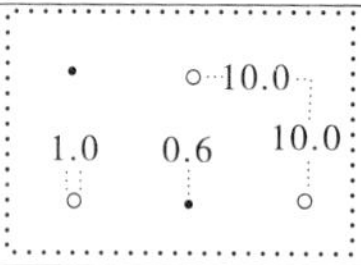
104	苗圃	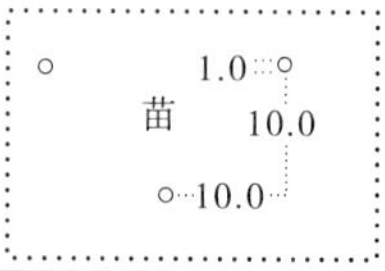
105	迹地	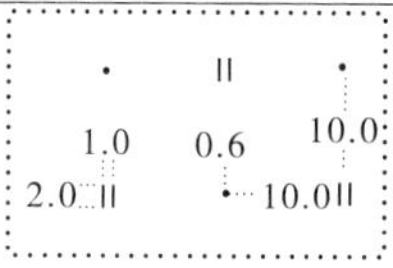
106	散树 行树	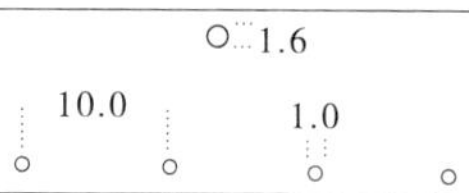
107	独立树(阔叶，针叶，果树，棕榈、椰子、槟榔)	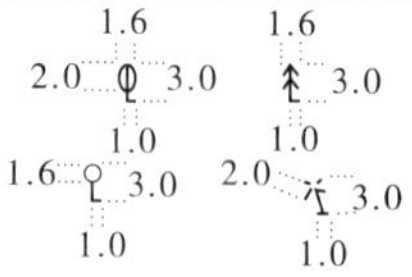
108	竹林	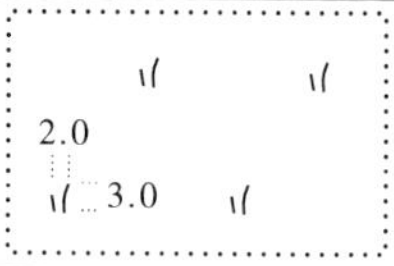
109	天然草地	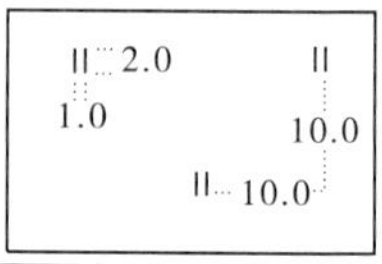
110	改良草地	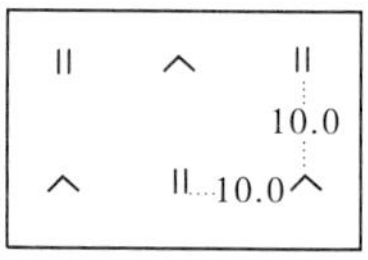
111	人工草地	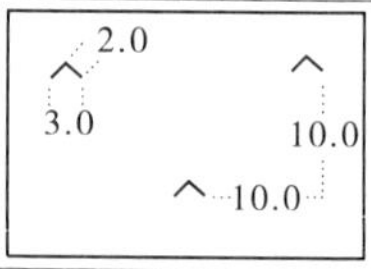
112	芦苇地	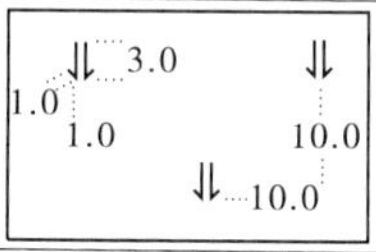
113	半荒植物地	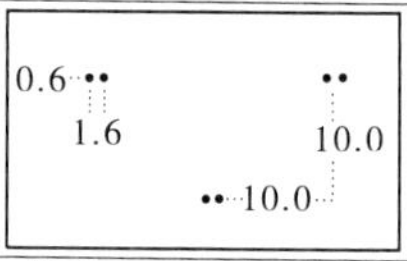
114	植物稀少地	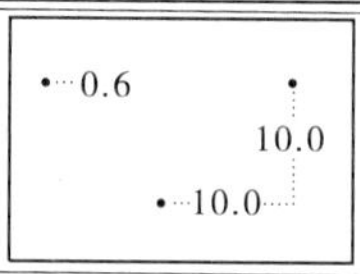
115	花圃	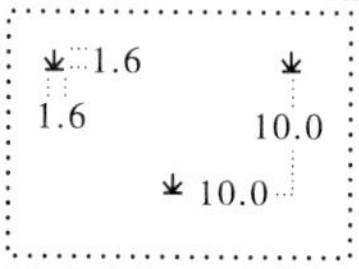
116	地类界、地物范围线	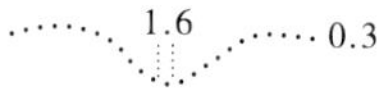
117	防火带	
118	塔形建筑物	
119	水塔	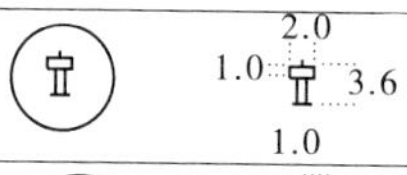
120	水塔烟囱	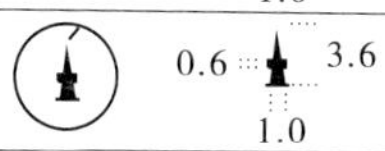

续表

编号	符号名称	1:500　1:1 000　1:2 000	编号	符号名称	1:500　1:1 000　1:2 000
121	烟囱及烟道	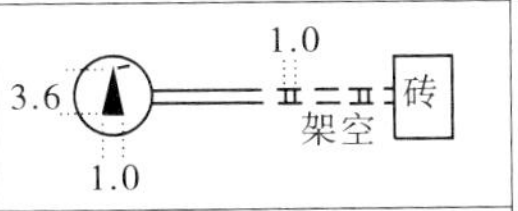	136	加油站 路灯	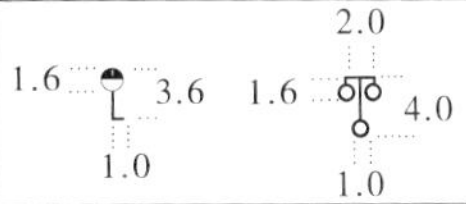
122	露天设备	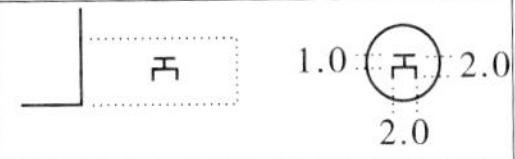	137	喷水池 假石山	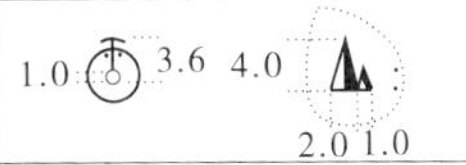
123	粮仓 (依、不依比例的，粮仓群 -6个)	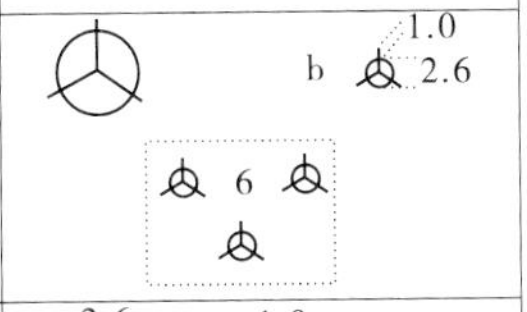	138	无线电杆塔 (依比例落地、架空的，不依比例的)	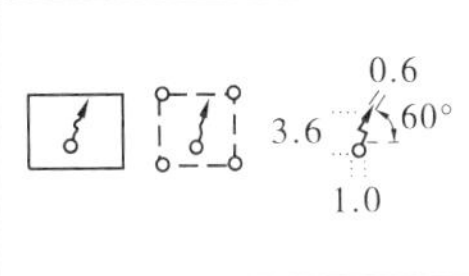
124	风车 水车、水磨房 水轮泵、抽水机站	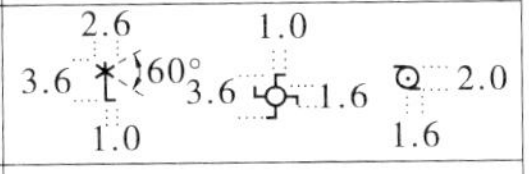	139	垃圾台 岗亭、岗楼	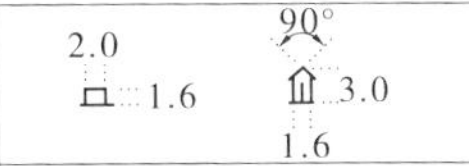
125	打谷场、球场		140	电视发射塔 避雷针	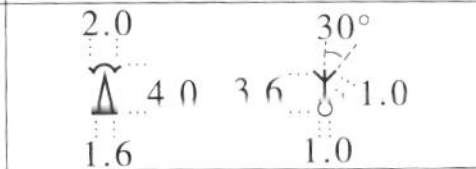
126	游泳池	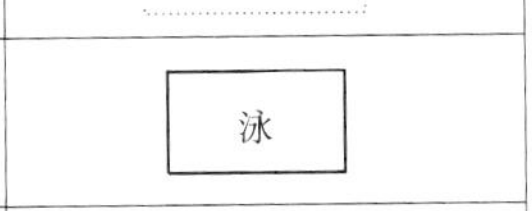	141	纪念碑 (依比例、不依比例的)	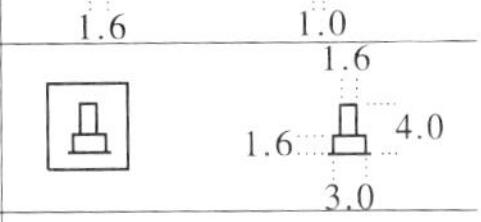
127	温室、菜窖、花房		142	碑、柱、墩 (依比例、不依比例的)	
128	贮水池 (高于地面的、低于地面的、有盖的)	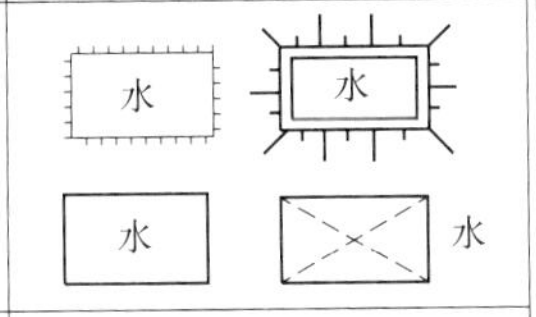	143	塑像 (依比例、不依比例的)	
129	气象站 雷达站、地面卫星接收站	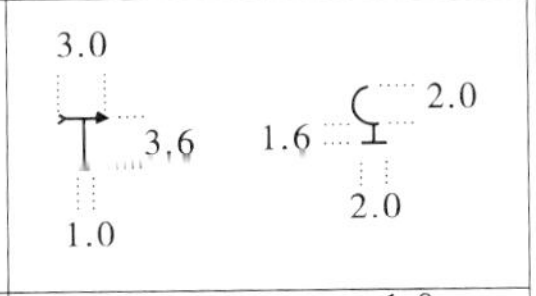	144	旗杆 彩门、牌坊、牌楼	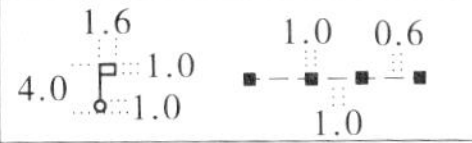
130	环保监测站 水文站	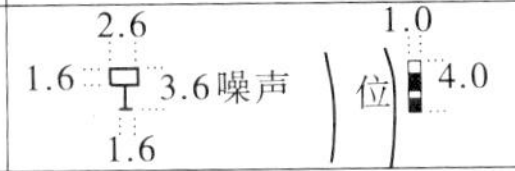	145	亭 (依、不依比例的)	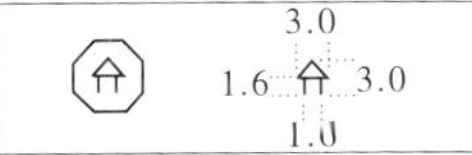
131	宣传橱窗、广告牌	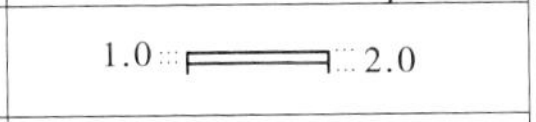	146	独立坟	
132	有看台的露天体育场	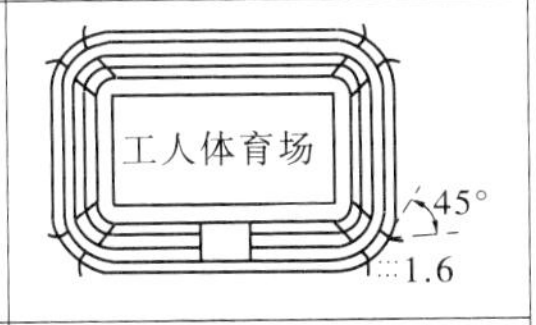	147	坟群、散坟	
133	无看台的露天体育场	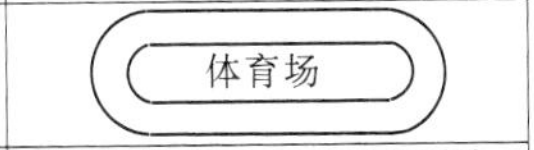	148	地下检修井 a.上水，下水、雨水，下水暗井 b.煤气、天然气，热力，电力 c.电信人孔，电信手孔 d.工业、石油	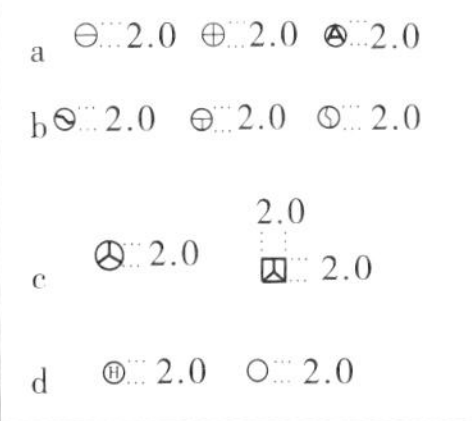
134	露天舞台、检阅台	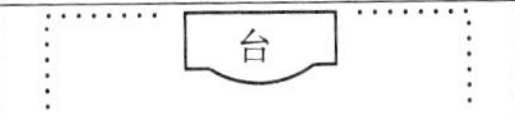	149	污水箅子 水龙头	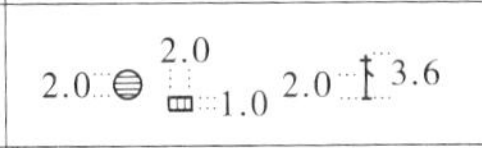
135	照射灯 (杆式、桥式、塔式)	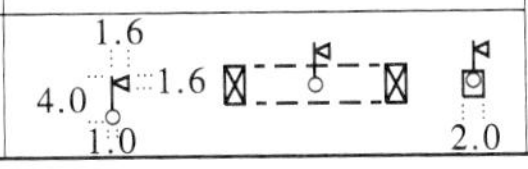	150	消火栓 阀门	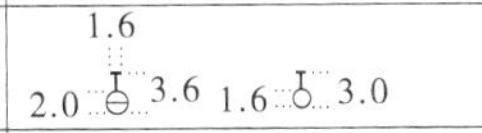
			151	开采矿井的竖井井口	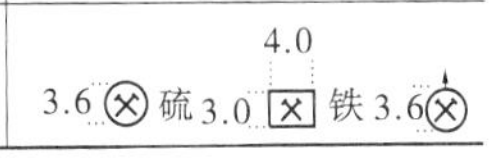

附录 3　地形图的图廓

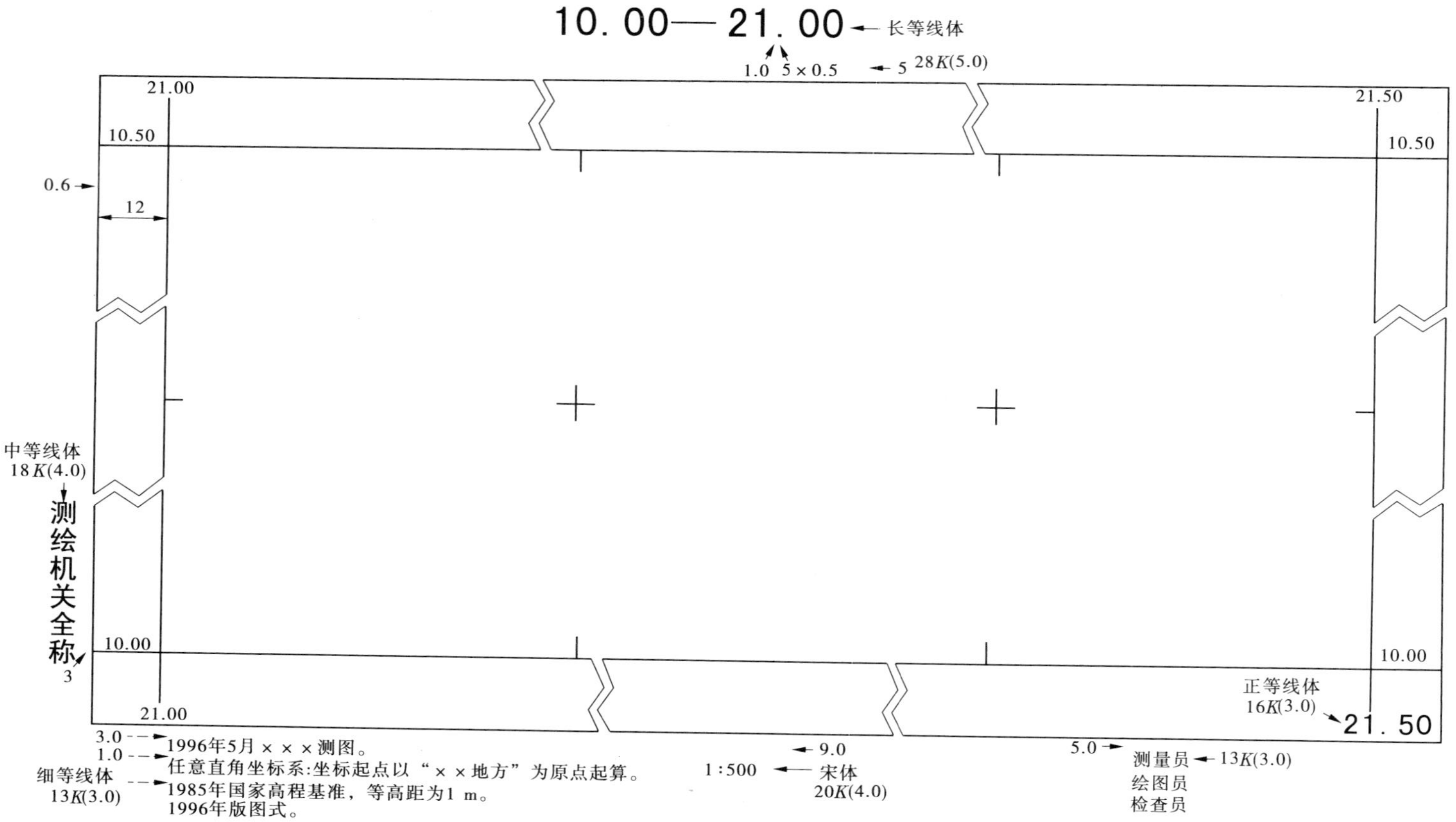
10.00—21.00
长等线体
1.0
5×0.5
5
28K(5.0)
21.00
10.50
21.50
10.50
0.6
12
中等线体
18K(4.0)
测绘机关全称
3
10.00
21.00
10.00
正等线体
16K(3.0)
21.50
3.0
1.0
细等线体
13K(3.0)
1996年5月×××测图。
任意直角坐标系:坐标起点以“××地方”为原点起算。
1985年国家高程基准，等高距为1 m。
1996年版图式。
9.0
1:500
宋体
20K(4.0)
5.0
测量员
绘图员
检查员
13K(3.0)